KB115026

잎벌레 세계

World of leaf beetles

한국 생물 목록 8
Checklist Of Organisms In Korea 8

잎벌레 세계
World of leaf beetles

펴낸날 | 2013년 6월 27일 초판 1쇄
지은이 | 안승락

펴 낸 이 | 조영권
만 든 이 | 김원국, 정병길, 노인향
꾸 민 이 | 강대현

펴 낸 곳 | 자연과생태
주소 _ 서울 마포구 구수동 68-8 진영빌딩 2층
전화 _ (02)701-7345-6 팩스 _ (02)701-7347
홈페이지 _ www.econature.co.kr
등록 _ 제313-2007-217호

ISBN: 978-89-97429-21-9 93490

• 발행된 책의 오류 정정 내용은 〈자연과생태〉 홈페이지 (www.econature.co.kr)에서 확인하실 수 있습니다.

한국 생물 목록 8

Checklist Of Organisms In Korea 8

잎벌레 세계

World of leaf beetles

글 · 사진 **안승락**

자연과생태

일러두기

- 이 책은 우리나라를 포함해 전 세계 잎벌레의 일반적인 생태 특징을 다루었으며, 생태사진과 표본사진은 우리나라에 서식하는 종을 수록했다.
- 이 책에서 잎벌레아과 설명은 세계적으로 많이 사용하는 뿌리잎벌레아과, 혹가슴잎벌레아과, 수중다리잎벌레아과, 긴가슴잎벌레아과, 큰가슴잎벌레아과, 통잎버레아과, 혹잎벌레아과, 반짝잎벌레아과, 톱가슴잎벌레아과, 꼽추잎벌레아과, 잎벌레아과, 긴다듬이잎벌레아과, 벼룩잎벌레아과, 가시잎벌레아과, 남생이잎벌레아과 순으로 배열했다.
- 잎벌레 각 아과에 대한 전반적인 설명을 담았으며, 우리나라에 기록된 365종 가운데 대표적인 103종에 대한 설명과 사진 자료 220여 장을 수록했다.
- 각 잎벌레아과 내의 종 배열은 특별한 의미 없이 편집 상황에 따라 배열했다.
- 학명과 우리말 이름은 『한국곤충명집』(1994), 『한국곤충총목록』(2010), 『한국의 잎벌레』(2011)를 기준으로 삼았다.
- 각 종에 대해서는 생태와 국내외 분포를 중심으로 설명했다.
- 국내 분포를 북부, 중부, 남부, 제주도로 크게 구분했으며, 이들 지역 모두 분포하는 경우에는 '전국'이라고 표시했다.
- 각 생태사진의 잎벌레는 실제 크기와 차이가 있으며 본문의 '몸길이' 부분을 참조하기 바란다.

우리나라 잎벌레아과 검색표

1. 두정은 크게 돌출하고 입은 후방 아래로 향했으며, 입은 흔히 전흉복판에 의해 숨겨져 있다 ········ 2

– 두부는 정상적인 모양이며 두정은 돌출되지 않았다. 입은 정상적으로 앞과 아래로 향한다 ········ 3

2. 전흉배판과 딱지날개에는 넓은 가장자리가 있으며, 대부분의 경우 머리를 덮고 있다 ········ 남생이잎벌레아과

– 전흉배판과 딱지날개에는 넓은 가장자리가 없으며, 가시가 나 있고 두부를 가리지 않는다 ········ 가시잎벌레아과

3. 더듬이는 이마 바로 앞에 나 있다 ········ 4

– 더듬이는 이마나 두정에 의해 넓게 분리되었다 ········ 5

4. 뒷다리 퇴절은 크게 팽창되지 않았으며, 전흉복판 돌기는 좁다 ········ 긴수염잎벌레아과

– 뒷다리 퇴절은 크게 팽창되었으며, 전흉복판 돌기는 넓다 ········ 벼룩잎벌레아과

5. 두부는 잘 노출되었으며 겹눈 뒤가 크게 수축되었다. 전흉배판은 옆 가장자리가 없다 ········ 6

– 두부는 전흉과 밀접하게 연결되었으며, 눈 뒤는 수축되지 않았다.
전흉배판은 옆가장자리가 있다 ········ 10

6. 두정에는 홈이 없다 ········ 7

– 두정에는 홈이 있다 ········ 9

**7. 더듬이는 실 모양이거나 강하고 굵은 경우 끝에서 둘째 마디는 길이와 폭이 비슷하다.
뒷퇴절에는 돌기가 없다** ········ 8

– 더듬이는 강하고 굵으며 끝에서 둘째 마디는 넓고 돌기 또는 거치상이다.
뒷퇴절에는 돌기가 1개 이상 있다 ········ 수중다리잎벌레아과

8. 전흉 측면에는 돌기가 없다. 전기절강은 후방으로 닫혀 있다 ········ 혹잎벌레아과

– 전흉 측면에는 한 개 또는 여러 개의 돌기가 있다. 전기절강은 후방으로 열려 있다 ········ 톱가슴잎벌레아과

9. 더듬이는 전두폭에 의해 분리되지 않았다. 배 첫마디는 나머지 마디 합보다 길다 ········ 벼뿌리잎벌레아과

– 더듬이는 전두폭에 의해 분리되었다. 배 첫마디는 나머지 마디 합보다 짧다 ········ 긴가슴잎벌레아과

10. 전흉측판에는 더듬이가 들어갈 수 있는 홈이 있다 ········ 11

– 전흉측판에는 더듬이가 들어갈 수 있는 홈이 없다 ········ 12

11. 윗면은 매끈하며 돌기가 없다. 항문상판은 노출되지 않았다 ········ 반짝잎벌레아과

– 윗면에 돌기가 있다. 배에는 중간에 수축된 마디가 있다. 항문상판은 노출되었다 ········ 혹가슴잎벌레아과

12. 배 셋째 마디는 중앙에서 수축되었다 ········ 13

– 배 셋째 마디는 중앙에서 수축되지 않았다 ········ 14

13. 더듬이는 짧고 끝 마디는 거치상이다 ········ 큰가슴잎벌레아과

– 더듬이는 길고 사상형이나 짧은 경우 끝 마디가 두껍다 ········ 통가슴잎벌레아과

14. 전두순봉합선이 없다. 부절 셋째 마디는 통상 2엽으로 되었다 ········ 꼽추잎벌레아과

– 전두순봉합선이 다소 분명하며, 부절마디는 통상 2엽이 아니거나 매우 약하게 2엽으로
되었다 ········ 잎벌레아과

깜찍하고 아름다운 잎벌레의 세계

잎벌레는 흔히 볼 수 있지만, 대체로 크기가 작고, 그 생태에 대한 연구가 부족해 널리 알려지지 않은 곤충 무리입니다. 관련 자료가 거의 없기 때문에, 곤충을 좋아하는 사람들조차 별로 관심 갖지 않는 편입니다. 하지만 잎벌레는 종수도 많고, 특정한 식물과 관계를 맺고 살아가기 때문에 생태적으로 흥미로운 면이 많습니다. 이 책을 통해 잎벌레에 관심 갖는 독자가 많아져 그들의 독특한 생태가 더욱 많이 밝혀지길 바랍니다.

2013년 6월 안승락

차례

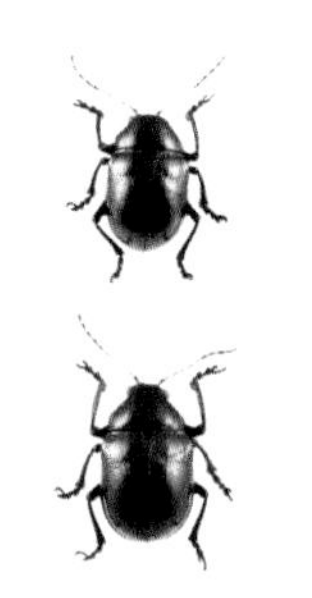

흔하지만
잘 알려지지 않은
잎벌레 세계

고생대 말기에 출현한 잎벌레

잎벌레가 지구상에 출현한 것은 고생대 말기에서 중생대 초기(트라이아스기)로 추정된다. 중생대 지층에서만 9아과 19속 35종의 화석이 발견되었기 때문이다. 지금까지 알려진 가장 오래된 잎벌레 화석(*Pseudochrysomelites rothenbachi*)은 스위스에 있는 중생대 트라이아스기 지층에서 발견되었다. 또 호박 속에서 발견된 잎벌레 화석 중에 가장 오래된 것은 캐나다 앨버타 지역의 약 7천 9백만 년 전에 형성된 중생대 백악기 지층에서 발견되었다.

호박은 식물 수지가 굳어서 변한 암석이다. 호박 속에는 종종 곤충을 비롯한 작은 생물이 원형 그대로 보존되어 있어, 일반적인 암석에서 발견되는 화석과는 비교할 수 없을 정도로 많은 정보를 가지고 있다. 앨버타 지역에서 발견된 호박 속에서는 잎벌레와 함께 소철과와 사초과 식물 씨앗이 함께 발견되었으며, 학자들은 이들 식물이 화석의 주인공인 잎벌레가 먹이로 삼던 먹이식물일 것으로 추정하고 있다.

우리나라에서 발견된 1만 3천 년 된
넓적뿌리잎벌레 화석

세계에서 가장 큰 잎벌레.
그래봐야 고작 27㎜ 정도다.

우리나라에서도 지난 2008년 충북 청원군 옥산면 소로리에서 1만 3천 년 전에 살았던 것으로 추정되는 넓적뿌리잎벌레 화석이 26개나 발견되어 학계에 보고되었다. 그러나 아쉽게도 우리나라에서는 곤충 화석에 관한 전문적인 연구가 거의 이뤄지지 않아 그 가치와 정보를 알아내는 일이 쉽지 않다.

잎벌레의 분류 및 형태

잎벌레는 딱정벌레목 잎벌레상과 잎벌레과에 속하는 곤충이다. 잎벌레는 크기, 모양, 색상이 매우 다양하지만 일반적인 형태적 특징은 다음과 같다. 머리는 돌출되지 않고 겹눈이 잘 발달되었다. 입은 씹는 저작(咀嚼)형태로 입술이 있으며 윗턱수염은 길고 유연하지만 더듬이보다는 훨씬 짧다. 더듬이는 몸길이보다 길지 않고 가늘며 실 모양이다. 주로 11마디이지만 10마디로 된 종들도 있다. 마지막마디는 곤봉 모양으로 약간 팽창해 있다. 앞가슴판에 봉합선은 있고 배측선은 없다. 1번째 배마디는 뒷다리 기절에 의해 분리되지 않는다. 알 모양처럼 볼록한 형태인 잎벌레는 앞다리가 가슴에 접속되는 부분인 전기절이 가로로 넓지 않다. 딱지날개에는 간혹 털이 엉성하게 있는 종들도 있지만 대부분은 없다. 딱지날개는 배끝까지 완전히 덮고 있지만 혹잎벌레아과 종들은 항문상판이 노출될 정도로 덮고 있다. 대부분 뒷날개가 있지만 일부 종은 퇴화되었다. 모든 다리의 발목마디는 각각 4마디로 이루어져 있다. 3번째 발목마디는 아래로 약하게 2갈래로 갈라졌다.

잎벌레는 몸길이가 1㎜에 불과한 종부터 27㎜에 이르는 종까지 크기가 아주 다양하다. 또 하늘소처럼 몸이 가늘고 길게 생긴 것부터 무당벌레처럼 짧고 동그랗게 생긴 것까지 몸의 형태도 다양하다. 특히 가시잎벌레 종류는 몸 전체가 가늘고 긴 가시로 덮여 있어 마치 철갑을 두른 거북선처럼 생겼다. 잎벌레의 몸 색깔은 단순한 것에서부터 보석처럼 화려한 색상에 이르기까지 다양하다. 특히 등에 아름다운 무늬가 있는 무리들이 많다.

잎벌레과는 딱정벌레목 가운데 하늘소과나 콩바구미과에 속한 곤충들과 형태적으로 상당이 유사하다. 따라서 이들 3개과를 합쳐서 잎벌레상과(上科)로 분류한다. 잎벌레 중에서 수중다리잎벌레아과에 속한 잎벌레는 콩바구미나 하늘소처럼 식물에 혹을 만들어 그 속에 살거나 식물줄기에 굴을 파는 원시적인 습성이 있다. 우리나라에서 아직 발견되지 않은 아과(Sagrinae)에 속한 잎벌레들도 이런 습성이 있다.

잎벌레는 계통분류학적으로 하늘소 무리에서 진화했을 가능성이 크다. 그러나 진화 과정에서 다양하게 분화되어 최소 5개의 상이한 계통을 이루고 있는 것으로 본다. 특히 가시잎벌레아과와 남생이잎벌레

1 꽃가루를 먹으면서 수분을 도와주는 점날개잎벌레 **2** 오리나무잎벌레 피해를 입은 오리나무 **3** 오리나무 잎
4 싸리나무 잎을 먹고 있는 수염잎벌레 애벌레 **5** 싸리나무 줄기에 있는 수염잎벌레 알

아과는 형질 차이가 가장 많이 나서, 어떤 학자들은 이 두 아과를 잎벌레과에서 분리해 별개의 독립된 과로 취급하기도 한다.

딱정벌레목 내에서 큰 분류군 중 하나인 잎벌레과는 지금까지 학계에 보고된 종만 해도 19아과에 약 3만 7천 종이나 되고, 아직 알려지지 않은 종까지 합하면 6만 5천여 종에 이를 것으로 추정한다. 우리나라에는 지금까지 뿌리잎벌레아과 8종, 혹가슴잎벌레아과 3종, 수중다리잎벌레아과 2종, 긴가슴잎벌레아과 25종, 큰가슴잎벌레아과 15종, 통가슴잎벌레아과 37종, 혹잎벌레아과 3종, 반짝잎벌레아과 2종, 톱가슴잎벌레아과 1종, 꼽추잎벌레아과 25종, 잎벌레아과 48종, 긴더듬이잎벌레아과에 57종, 벼룩잎벌레아과 112종, 가시잎벌레아과 8종, 남생이잎벌레아과 23종을 포함해 총 15아과 약 369종이 기록되었다. 지리적으로 가까운 일본에 16아과 5백여 종이 기록된 것으로 볼 때, 앞으로 우리나라에서 신종이나 미기록종이 발견될 가능성이 높다.

잎벌레의 생태

지구상에 살아가는 곤충 대부분은 식물의 잎이나 줄기, 뿌리 또는 열매를 먹는다. 그런 곤충 가운데 딱정벌레목에 속하는 특정 무리를 분류학적으로 잎벌레과(Chrysomelidae)로 구분하고 잎벌레(leaf beetle)라고 부른다.

잎벌레는 대부분 육상생활을 하고, 모두 식물을 먹고 살아간다. 그래서 많은 종이 농작물과 산림의 해충이다. 그러나 벼뿌리잎벌레 같은 일부 종은 물속의 식물 뿌리 속에서 식물을 통해서 산소를 공급받아 살아가는 반수중 생활을 하고, 유럽 발트해 부근에 사는 일부 종은 아예 물속에서 살기도 한다.

이들은 원시 소철, 이끼, 속새류, 겉씨식물에서부터 진화한 종자식물에 이르기까지 거의 모든 식물을 먹는다. 그리고 먹는 식물의 부위도 잎뿐만 아니라 줄기, 열매, 뿌리, 식물의 마른 잔해까지 광범위하다. 어른벌레와 애벌레가 같은 먹이식물을 이용하며 적응 · 진화해온 것이 특징이다. 이러한 섭식과정은 포식자나 대다수 기생자처럼 기주를 잡아먹거나 죽이기보다는 먹이식물에 도태압력을 가한다. 한편 먹이식물은 생존하기 위해 다양한 물리적 또는 화학적 방어기작을 하면서 오늘날까지 생존해 오고 있다. 즉 잎벌레와 먹이식물이 서로 끊임없이 공진화하고 있다. 한편 일부 종은 가뢰 어른벌레를 먹기도 하며, 개미와 공생하면서 개미가 사냥해 온 먹이 잔해나 개미 번데기 피부를 조금씩 먹거나 개미 사체를 먹는 육식성 종도 있다.

잎벌레 종류는 대부분 특정한 식물 또는 그와 연관된 몇몇 식물만 먹는 강한 기주특이성이 있다. 그 때문에 많은 잎벌레가 농작물이나 산림에 피해를 주는 해충으로 알려졌다. 예를 들어 콜로라도감자잎벌레는 감자 잎을 먹어치워 심각한 피해를 주고, 진딧물이나 멸구 종류처럼 식물에 바이러스를 옮겨 질병을 일으키기도 한다. 그러나 반대로 이런 특성을 이용해 특정한 종류의 잡초를 제거하는 데 활용하기도 한다. 가시잎벌레류 애벌레는 식물 잎에 잠입해 굴을 파고 살거나 남경잎벌레처럼 식물의 줄기 속에서 살아가는 종도 있다.

나비나 나방, 파리 종류 같은 다른 곤충도 잎벌레처럼 특정한 식물을 이용하기도 하지만 애벌레 단계 때만 식물의 조직을 먹는 경우가 대부분이다. 예를 들면 배추흰나비 애벌레가 십자화과 식물을, 호랑나비 애벌레는 운향과 식물을 먹고 자라지만 어른벌레가 되면 여러 식물에서 꿀을 빨아먹으며 산다. 그러나 거의 대다수 잎벌레는 애벌레와 어른벌레 모두 같은 식물의 살아 있는 조직을 먹는다.

1 북미 원산인 돼지풀잎벌레. 외래식물인 돼지풀을 먹기 때문에 잡초 방제에 효과가 있다.
2 돼지풀잎벌레 고치와 애벌레

잎벌레에게 더듬이는 중요한 후각기관이다. 더듬이에는 감각세포들이 밀집되어 있어 식물이 내뿜는 6탄소 알코올, 알데히드, 아세테이트 같은 화학물질을 감지할 수 있다. 또 윗입술수염과 아랫입술수염에도 미각과 후각을 느낄 수 있는 세포들이 있다. 잎벌레는 이들 후각기관을 이용해 먹이식물에서 나오는 휘발성 화학물질을 수 미터 거리에서도 탐지할 수 있다. 그러나 그 휘발성 화학물질이라는 것이 먹이식물만이 가지고 있는 특정한 성분이라고 단정할 수는 없다. 여러 종류의 식물을 먹는 잎벌레를 가지고 수행한 어느 실험에서 잎벌레는 단일 성분의 물질이 아니라 여러 식물에서 내뿜는 물질이 혼합된 것에 유인되었다고 한다.

잎벌레의 짝짓기는 활발하다. 짝짓기 하는 동안에는 암컷이 수컷을 등에 업고 오랫동안 이동하면서 먹이활동을 하기도 한다. 열점박이별잎벌레 수컷들은 짝짓기를 위해 암컷을 차지하려고 치열하게 경쟁하거나 짝짓기 하고 있는 수컷을 지속적으로 방해하기도 한다. 짝짓기 후에는 알을 수십 개에서 수백 개 낳으며, 깨어난 애벌레들은 식물을 무자비하게 먹어치운다. 어른벌레나 번데기 등 다양한 형태로 월동한다.

잎벌레는 박테리아, 균류 같은 미생물, 원생동물, 기생벌, 노린재, 먼지벌레, 개미, 거미, 조류 등 수많은 천적들과 매우 복잡한 먹이그물망으로 얽혀 있어, 생태학적으로 매우 중요한 역할을 한다.

1 짝짓기 중인 수염잎벌레 **2** 백합긴가슴잎벌레 알 **3** 좀남색잎벌레 알

천적을 피하는 법

잎벌레는 다양한 방식으로 천적의 위협을 피한다. 잎벌레 알에는 독성물질 또는 천적들이 싫어하는 섭식 방해 물질들이 들어 있다. 알을 이런 방어물질로 보호할 수 있었기 때문에 오랜 세월동안 아주 높은 종다양성을 유지할 수 있었다. 또 어떤 종은 알을 배설물이나 분비물로 덮거나, 식물 조직 내에 산란해서 보호하기도 한다. 벼잎벌레나 남생이잎벌레류 애벌레는 배설물을 등에 지고 다니면서 천적으로부터 자신을 지킨다. 어떤 종은 암컷이 산란하고 알이 깰 때까지 지키는 경우도 있으며, 아예 난태생을 하는 경우도 있어 생존율을 높인다.

잎벌레 애벌레는 백색, 갈색, 황색, 오렌지색, 초록색, 붉은색, 줄무늬, 둥근 무늬 등 종류마다 색깔과 무늬가 아주 다양하다. 이런 색깔과 무늬는 천적들에게 맛이 없는 것처럼 보이게 한다. 이처럼 잎벌레 애벌레는 탁월한 경계색을 지니고 있어 천적의 위협을 피한다.

많은 종류의 곤충이 애벌레 초기 단계 때는 무리지어 집단방어행동을 취하는 습성이 있다. 잎벌레 애벌레도 천적을 만났을 때 빠르게 모여 집단행동을 보이기도 하며, 마지막 애벌레 단계 때까지 집단행동을 보이는 종도 있다. 또 어떤 종은 외부 자극을 받으면 반사적으로 체액을 내뿜기도 하며, 먹이식물에서 얻은 화학물질로 천적을 막아내기도 한다. 벼잎벌레 애벌레는 방어용 화합물질로 이뤄진 보호막을 갖고 있으며, 남생이잎벌레 애벌레는 탈피한 허물을 등에 지고 다니면서 자신을 보호한다.

잎벌레 어른벌레도 다양한 방어 전략을 구사한다. 잎벌레아과나 긴가슴잎벌레아과에 속하는 종들은 앞가슴등판과 딱지날개에 있는 분비샘에 방어물질(allomone)을 저장하고 있다가 위협을 느끼면 분비한

허물과 배설물을 지고 다니면서 자신을 보호하는 루이스큰남생이잎벌레 애벌레

다. 긴더듬이잎벌레아과에 속한 잎벌레는 체액이나 난소 같은 다른 신체 조직에 방어물질을 가지고 있다. 잎벌레가 만드는 방어물질은 종마다 성분과 합성방법이 매우 다양하며, 주로 글루코시드, 스테로이드, 알칼로이드, 아미노산, 쿠쿠르비타신 같은 생화학물질로 구성된다.

잎벌레 연구 필요성과 연구 현황

잎벌레는 몸의 크기가 비교적 작지만 과(Family) 수준의 종수로 비교하면 20위 안에 들 정도로 종수가 많다. 그러나 지구상의 많은 잎벌레류는 아직 그 생태가 밝혀지지 않았으며, 특히 열대지역에서는 어떤 종들이 얼마나 서식하는지조차 거의 연구되지 않았다. 안타깝게도 남미, 말레이시아, 인도네시아 등은 목축업과 벌채 등으로 산림 파괴가 매우 급속하게 진행되고 있다. 잎벌레는 식물과 관계가 밀접하기 때문에 식물이 사라지기 전에 지역별, 대륙별로 잎벌레의 종다양성 연구가 시급하다.
일부 아프리카 원주민은 독화살을 만드는데 벼룩잎벌레 애벌레와 번데기를 사용한다. 또 뿌리에 매우 강한 독이 있는 콩과식물(강력한 살충제 혹은 물고기를 죽이는 데 사용됨)을 먹는 잎벌레도 있다. 많은 잎벌레들이 다양한 독성물질을 이용해 자신이나 알을 보호한다. 이들의 독성물질과 해독물질, 페르몬을 규명하면 의료 · 보건 분야에 활용할 수 있다. 또한 잎벌레는 기주특이성이 매우 강한 종이 많다. 이런 특성을 살려 해로운 식물을 생물학적으로 제거하는 데 활용할 수도 있다.

잎벌레는 비교적 행동범위가 좁다. 이러한 특성을 이용해 고도가 높은 지역에 서식하는 종들을 대상으로 인류의 최대 관심사의 하나인 기후변화 지표종으로 활용할 수도 있다.

새로운 종을 탐색하고 발굴하는 분류학이나 계통분류학 연구를 비롯해 최근 분자생물학을 이용한 분류학, 유전학, 생태학, 생리학, 행동

1

2

학, 생물학적 방제 등 다양한 분야에서 연구가 수행되고 있다. 또 먹이습성이나 먹이선택 연구를 통해 이들의 진화와 생태 규명에 노력하고 있다. 특히 어떻게 다양한 식물의 휘발성 화학물질을 탐지하고 먹이식물을 인식하는지에 대한 연구, 식물과의 경쟁 및 상호작용에 대한 연구, 각 생활단계별 천적으로부터 방어행동과 방어물질에 대한 연구, 천적 등에 대한 연구가 수행되고 있다.

잎벌레는 크기는 작지만 생김새가 다양하고 특이하며 색상도 매우 아름다운 종들이 많다. 개체수도 많고 먹이식물 특이성이 강해 야외에서 쉽게 발견할 수 있다. 먹이식물을 벗어나 도망가는 일이 많지 않고 행동범위도 좁기 때문에 관찰하기에 매우 편하다. 또한 아주 작은 공간에서도 사육할 수 있으므로 관찰을 통해 탐구력과 생태적인 지식을 키우고 생명의 신비도 느낄 수 있는 좋은 대상이다. 야외 탐사를 할 때 발밑이나 머리 위에 있는 식물을 조금만 주의 깊게 관찰하면 많은 잎벌레를 만날 수 있다.

3

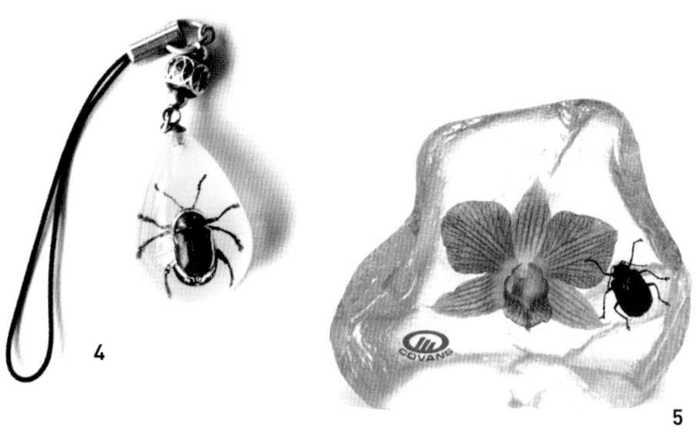

4

5

1 황갈색잎벌레 **2** 열점박이별잎벌레 **3** 큰남생이잎벌레 **4** 잎벌레를 이용한 핸드폰 고리 **5** 잎벌레를 이용한 장식품

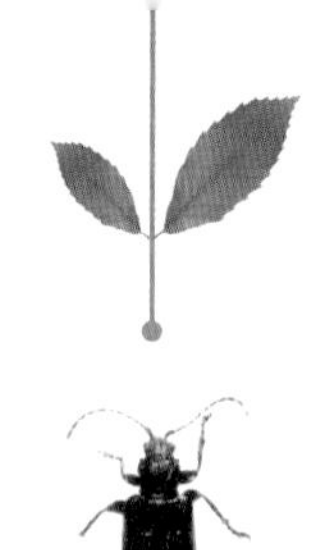

뿌리잎벌레아과

Donaciinae

수생식물에 사는 무리

연꽃밭. 뿌리잎벌레류가 좋아하는 서식지다.

뿌리잎벌레아과에 속하는 잎벌레는 우리나라에 2속 8종이 보고되었다. 이들은 어른벌레와 애벌레 모두 수생 또는 반수생 식물을 먹고 사는 수서곤충이다. 정확한 먹이식물을 비롯해 생태가 거의 알려지지 않아 앞으로 많은 연구가 필요하다.

• •

뿌리잎벌레아과(Donaciinae)는 세계적으로 150여 종이 알려졌고, 우리나라에서는 뿌리잎벌레속(*Donacia*) 7종 및 넓적뿌리잎벌레속(*Plateumaris*) 1종, 총 8종이 보고되었다. 지금까지 발견된 화석표본들을 비교하면 뿌리잎벌레아과는 하나의 계통으로부터 발생한 것으로 여겨지며, 최근 리보솜 RNA염기서열을 분석한 연구에 따르면 콩바구미과, 긴가슴잎벌레아과와 같은 계통에 속하는 것으로 밝혀졌다.

뿌리잎벌레아과는 형태적으로는 긴가슴잎벌레아과와 아주 비슷하지만, 더듬이 사이 간격이 긴가슴잎벌레아과보다 좁고, 발톱 안쪽에 부속지가 없는 것이 특징이다. 무엇보다 뿌리잎벌레아과의 가장 큰 특징은 첫째 배마디가 매우 길어 나머지 배마디 길이를 합한 것과 비슷하거나 더 길다는 점이다. 다른 잎벌레 종류는 각 배마디 길이가 비슷하다.

뿌리잎벌레아과 어른벌레의 몸길이는 6~11㎜이고, 몸 색깔은 광택이 나는 어두운 구릿빛이다. 초록빛 또는 자줏빛을 띠는 종들도 있다. 애벌레는 전체적으로 우윳빛을 띠며, 머리, 다리, 가슴등판, 숨구멍, 발톱 등은 갈색이다. 또 애벌레에는 딱딱한 경판이 없으며, 8번째 배마디에 있는 공기구멍에 굵고 긴 갈고리가 나 있는 것이 큰 특징이다. 이 갈고리는 아마도 먹이식물 이용과 관련 있는 것으로 여겨진다.

물속에 사는 잎벌레

뿌리잎벌레아과는 어른벌레와 애벌레 모두 다양한 수생 또는 반수생 식물을 먹고 사는 수서곤충이다. 먹이식물로는 외떡잎식물이 많고, 연꽃과 및 수련속에 속한 일부 쌍떡잎식물도 포함된다. 특이하게도 열대 지역에 사는 뿌리잎벌레 종류는 물위에 떠 있는 부유식물에만 서식하는 것으로 알려졌으며, 아마도 수련이나 연꽃, 개미탑 같은 수생식물의 생활사와 관련이 많은 것으로 추정한다. 또 유럽 발트해에서 볼 수 있는 마크로레파 무티카(*Macrolepa mutica*)라는 종은 바닷물에 적응해 줄말속, 거머리말속, 가래과속, 물수세미속 식물에 서식한다.

뿌리잎벌레아과는 주로 구북구 및 신북구의 따뜻한 지역에 분포하며, 이 외에도 중미, 서인도, 인도네시아, 호주 북부, 열대 및 온대 아프리카 지역까지 분포한다. 남미, 호주 중부 및 남부, 뉴기니아 북부 및 뉴질랜드에는 분포하지 않는다. 우리나라에서도 전국적으로 고층습지, 연못, 논, 습지 같은 매우 제한된 지역에 서식한다.

일반적으로 열대지역에 사는 곤충은 다른 지역에 사는 것보다 색깔이나 무늬가 화려한 경향이 있다. 하지만 뿌리잎벌레아과는 열대지역에 분포하는 종조차 온대 지역 종류보다 결코 색이 화려하지 않다. 이는 뿌리잎벌레아과가 어른벌레시기 중 일부 또는 전부를 물속에서 보내는 것과 관련 있다. 물속에서 생활하는 곤충은 화려한 색을 띨 경우 천적의 눈에 잘 띄므로 대체로 어둡고 칙칙한 색을 띠는 경향이 있다. 요컨대 뿌리잎벌레아과는 대체로 색이 어둡다. 수서생활에 적응한 결과로 볼 수 있다. 한편, 말레이반도와 아프리카에서는 등화 트랩에 뿌리잎벌레 종류가 유인되어 날아오고는 한다. 이것은 뿌리잎벌레아과가 완전한 수서곤충이 아니며, 날개를 이용해 서식지 사이를 이동할 수 있다는 것을 보여준다.

짝짓기와 산란

뿌리잎벌레아과의 짝짓기 행동은 잘 알려지지 않았지만, 짝짓기하기 전에 수컷이 앞다리 발목마디로 암컷의 더듬이나 머리, 앞가슴등판 측면에 있는 돌기를 비비는 행동을 보이는 것으로 알려졌다. 이와 같은 행동은 딱정벌레 가운데 뿌리잎벌레아과에서만 볼 수 있다. 이런 준비 행동이 끝나면 정열적으로 짝짓기를 시작한다.

뿌리잎벌레속 종류는 잎 위나 잎이 겹쳐진 부위, 물속에 잠긴 부분 등 수생식물 표면에 알을 낳는다. 어떤 종은 젤라틴 형태의 알집을 물속의 먹이식물 잎 사이에 낳으며, 이때 젤라틴 성분이 잎과 잎을 고정시켜 알들을 보호한다. 알은 불투명하고 장타원형이며 융모막에 하나씩 잘 박혀 있다. 산란할 때 배설기관인 말피기관에 있던 공생박테리아가 함께 나와 융모막에 묻게 되며, 알에서 깬 애벌레가 이 융모막을 먹으면서 성장에 필요한 공생박테리아를 몸에 지니게 된다. 한편 넓적뿌리잎벌레속은 물속에 젤라틴 형태의 알집을 낳지 않고, 식물조직 내부나 잎 위에 낳는다.

애벌레와 번데기

뿌리잎벌레아과 애벌레 대부분은 수서생활을 한다. 물에 잠겨 있는 수생식물의 줄기나 뿌리를 먹고, 식물줄기의 통기조직(air chamber)에 있는 산소를 호흡한다. 고치는 수생식물의 뿌리나 물에 잠긴 줄기 부근에 짓는다. 번데기시기가 되면 몸 전체에 나 있는 수많은 작은 분비샘에서 질기고 끈적끈적한 액체를 분비한다. 이 액체는 망토처럼 애벌레

뿌리잎벌레류의 대표적인 먹이식물인 **1** 수련 **2** 순채 **3** 가래

몸을 덮은 뒤 뿌리까지 이어져 번데기를 식물체에 고정시킨다.

고치 속의 애벌레는 항문 부근에 있는 돌기를 통해 식물 뿌리로부터 흡수한 공기로 반액체 상태의 탄력 있는 고치를 펴고 팽창시킨다. 바깥 막이 애벌레 몸에 붙어 있는 이물질을 제거해주어 애벌레는 깨끗하고 희게 된다. 다음 단계로 입에서 도포제 같은 액체를 분비해 머리를 앞뒤로 비벼서 고치의 내부에 바른다. 고치 내부를 빈 틈 없이 바를 수 있도록 항문돌기를 수축해 몸을 작게 만들어 고치 내부를 돌아다닌다.

소화관을 통해 항문으로 나온 배설물은 뿌리 부근에 있는 고치를 덮어 이 부분을 튼튼하게 만드는 데 사용된다. 원통 모양의 키틴질 고치가 완성되면 애벌레는 고치 바닥에 구멍 1~2개를 만들어 먹이식물 뿌리에 있는 공기세포들과 연결해 일시적으로 중단된 산소 공급을 재개한다. 이 구멍은 종에 따라 수나 위치가 다르기 때문에 종을 구분하는 데 활용되기도 한다.

우리나라 뿌리잎벌레류

뿌리잎벌레아과는 다양한 식물을 먹지만, 그 중에서 더 선호하는 식물이 있는 것으로 여겨진다. 뿌리잎벌레의 생태는 많이 밝혀지지 않았으며, 그 중에서도 먹이식물에 관해서는 잘못 알려진 내용이 많다. 특히 어른벌레의 경우, 실제 먹이식물과 다른 많은 식물들이 서식지 내에서 뒤섞여 자라기 때문에 엉뚱한 식물이 먹이식물로 잘못 알려진 경우가 많다.

우리나라의 뿌리잎벌레 중에서 뿌리잎벌레속(*Donacia*) 종류는 저수지나 습지, 유속이 느린 하천 같은 곳에 산다. 먹이식물은 다양하지만 연꽃이나 수련 종류를 선호하는 것으로 알려졌다. 사초과와 벼과에는 살지 않는다.

벼뿌리잎벌레(*Donacia provostii* Fairmaire)는 몸길이 6~6.8㎜로 6월 하순경에 어른벌레가 출현해, 7월 초순에서 8월 하순에 먹이식물 잎 뒷면에 산란한다. 알은 약 10일 후 부화하며, 애벌레는 11월 초순부터 지하 12~24㎝ 깊이에서 월동에 들어가 다음해 5월 하순부터 섭식하기 시작해 6월 하순에 번데기 단계가 끝난다. 순채, 노랑어리연, 개연꽃, 가래, 마름 등이 먹이식물이다. 한국(중부, 남부), 일본, 중국, 러시아, 인도차이나 등에 분포한다.

렌지잎벌레(*Donacia lenzi* Schonfeldt)는 몸길이 6~8㎜로 어른벌레는 5~7월에 많으며, 11월 중순까지 관찰된다. 순채, 수련 등 물위에 떠 있는 잎을 먹는다. 애벌레 역시 순채, 수련 등이 먹이식물이며, 이들 잎에서 주로 발견된다. 한국(중부), 일본, 중국, 필리핀 등에 분포한다.

원산잎벌레(*Donacia flemola* Goecke)는 몸길이 7~8㎜로 어른벌레는 5~6월에 출현한다. 한국(북부, 중부), 일본, 중국, 러시아 등에 분포한다.

민다리뿌리잎벌레(*Donacia simplex* Fabricius)는 몸길이 8~10㎜이다. 한국(중부), 몽골, 러시아, 알제리 등에 분포한다. 1922년 7월 경기도 수원에서 채집된 기록이 있으며 먹이식물은 알려지지 않고 있다.

넓적뿌리잎벌레속(*Plateumaris*)은 고요한 저수지나 습지에 산다. 물대속, 갈대속, 방동사니속, 고랭이속, 사초속, 애기황새풀속, 황색풀속, 동의나물속, 미나리아재비속, 흑삼릉속, 보풀속, 택사속, 붓꽃속 등 다양한 식물을 먹이식물로 삼지만, 특히 사초과 및 벼과 식물을 선호하는 편이다. 넓적뿌리잎벌레 종류는 이들 식물의 꽃가루를 먹는다.

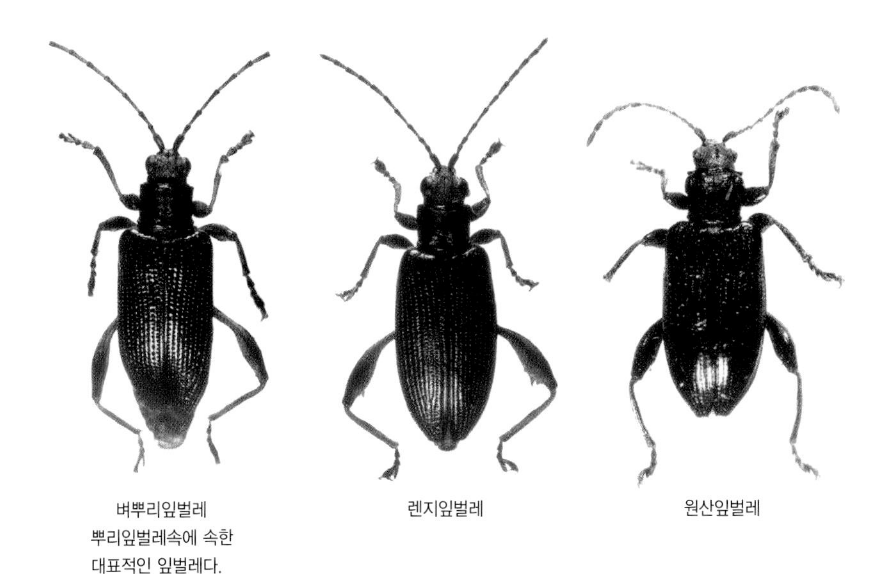

벼뿌리잎벌레
뿌리잎벌레속에 속한
대표적인 잎벌레다.

렌지잎벌레

원산잎벌레

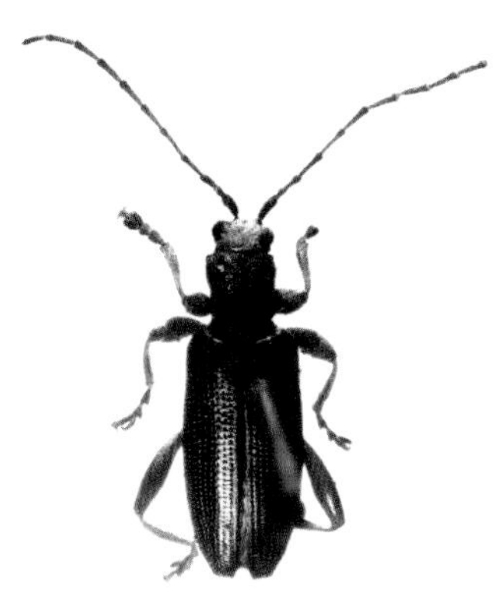

민다리뿌리잎벌레
1922년 수원에서 채집된 뒤로 서식 여부가 확인 되지 않고 있다. 우리나라에 당시 표본 2개만 남아 있으며, 사진은 그 중 하나다.

민다리뿌리잎벌레
첫 번째 배 마디가 나머지 마디를 합한 것보다 길다. 즉 길면 뿌리잎벌레속, 비슷하면 넓적뿌리잎벌레속에 속한다.

넓적뿌리잎벌레가 좋아하는 서식지

넓적뿌리잎벌레의 대표적인 먹이식물인 사초과 식물들. **1** 도루박이 **2** 매자기 **3** 흑삼릉

넓적뿌리잎벌레(*Plateumaris sericea* Linnaeus)는 몸길이 7~11㎜로 5월에서 7월에 사초과 식물의 꽃에 모이며, 산지에서는 9월까지 어른벌레가 활동한다. 5월 중, 하순에 산란하며, 애벌레는 5월 중순부터 11월 중순, 번데기는 10월부터 다음해 5월 중순까지 관찰된다. 사초류가 먹이식물이다. 한국(북부, 중부, 남부), 일본, 중국, 러시아, 유럽, 코카스(흑해와 카스피해 사이) 등에 분포한다. 넓적뿌리잎벌레 외에도 우리나라에 아직 보고되지 않은 넓적뿌리잎벌레속 잎벌레가 더 있을 것으로 보고 있다.

우리나라 미기록종인 넓적뿌리잎벌레류

넓적뿌리잎벌레
중부 이남 산지 습지에 서식한다.
생태가 거의 알려지지 않았다.

넓적뿌리잎벌레
첫 번째 배마디가 나머지 배마디를
합한 길이와 비슷하다.

넓적뿌리잎벌레
구릿빛, 붉은빛, 푸른빛 등 색깔 변이를 보인다.

혹가슴잎벌레아과

Zeugophorinae

가슴 양 옆 가장자리가 돌출된 무리

구대륙 열대지역을 대표하는 혹가슴잎벌레아과는 가슴에 혹이 난 것처럼 완만하고 크게 돌출되어 있어 가슴의 세로와 가로의 폭이 거의 비슷하다. 세계적으로 많은 종이 알려지지 않았으며 우리나라에서도 혹가슴잎벌레속(*Zeugophora*) 1속에 3종만이 알려진 매우 작은 무리이다. 어른벌레와 애벌레에 관한 생태 정보가 거의 밝혀지지 않았다.

우리나라 혹가슴잎벌레류

혹가슴잎벌레아과는 전북구(Holarctic region, 全北區)적으로 분포하지만 구대륙 열대지역을 대표하는 과다. 지금까지 신열대구(Neotropical region, 新熱帶區)에서는 발견되지 않고 있다. 우리나라에는 3종이 알려졌다. 몸길이는 4~5㎜로 소형에 속하며 가슴에 혹이 난 것처럼 각 측면이 크고 완만하게 돌출되었다. 따라서 가슴의 가로 폭이 세로 폭보다 넓다. 혹가슴잎벌레속의 애벌레는 굴나방이나 굴파리 애벌레처럼 관목이나 나무의 어린잎에 굴을 만든다. 어른벌레는 다식자이며 애벌레와 같은 종의 먹이식물 잎을 먹는다. 우리나라 서식 종들의 비행활동은 활발하지 않으며 위협 시 거짓으로 죽은 시늉을 하거나 지표면으로 떨어진다.

전북구지역에서 혹가슴잎벌레속은 버드나무, 포플러, 가래나무, 개암나무, 자작나무속의 식물을 먹는다. 번데기는 백색이며 머리와 몸 등과 옆면에는 센털이 있다. 더듬이 각 마디에는 작은 돌기가 4개 있다. 넓적다리마디 끝에 센털이 3개 있으나 1개는 퇴화되었다. 1~7배마디에 숨구멍이 있으며 7번째 것은 퇴화되었다. 꼬리돌기는 없다. 9배마디 끝에 쌍으로 된 돌기가 있으며 각각 센털이 4개씩 있다. 토양 속에서 번데기가 되며 마지막 애벌레 허물이 끝에 붙어 있다.

혹가슴잎벌레(*Zeugophora annulata* Baly)는 몸길이 4.2~4.8㎜이다. 몸은 약간 볼록하며 끝으로 갈수록 점점 넓어진다. 머리는 적갈색이지만 정수리 중앙에 흑갈색 무늬가 있다. 더듬이는 둘째 마디까지는 갈색이나 나머지는 흑색이다. 가슴은 흑색이지만 앞뒤 부분은 적갈색이다. 딱지날개는 적갈색 내지 흑갈색이며 후방 중앙에 검은 타원형 띠무늬가 있다. 앞가슴등판에는 강하고 균일하게 점각이 나 있다. 딱지날개는 털로 덮어 있으며 점각이 나 있다. 먹이식물은 노박덩굴, 참빗살나무, 화살나무, 회나무, 황벽나무다. 월동 어른벌레는 4월 초순에 출현해 산란을 시작한다. 부화한 애벌레는 잎에 굴을 파고 살다가 5~6월에 나타나며, 종령 애벌레는 땅속에서 번데기가 된다. 새로 출현한 어른벌레는 여름부터 가을까지 활동하고 어른벌레로 월동하는 것으로 추정된다. 한국(중부, 남부), 일본, 중국, 러시아 등에 분포한다.

쌍무늬혹가슴잎벌레(*Zeugophora bicolor* Kraatz)는 몸길이 4.7~5㎜이다. 몸은 약간 볼록하며 길이가 폭의 약 2배 된다. 머리, 더듬이, 다리는 흑색이고, 앞가슴은 흑색이나 후방부는 적갈색이다. 딱지날개는 연갈색이다. 앞가슴등판은 길이보다 폭이 넓으며 강한 점각이 있다. 딱지날개는 털로 덮어 있으며 점각이 있다. 어른벌레는 5월 초순에서 9월 초순까지 활동한다. 먹이식물은 참빗살나무, 회나무 등이다. 한국(중부, 남부), 일본, 러시아에 분포한다.

세점혹가슴잎벌레(*Zeugophora trisignata* An et Kwon)는 몸길이 4㎜이며 전반적으로 적갈색이나 딱지날개에 크고 검은 무늬가 3개 있다. 머리도 적갈색이며 중앙부 절반을 제외하고는 검은 무늬가 있다. 앞가슴과 딱지날개는 적갈색이며 날개 기부 부근에 비스듬한 사각형과 후방 중앙에 크고 검은 타원형 무늬가 있다. 앞가슴 길이는 폭보다 짧으며 깊은 점각이 조밀하게 있다. 딱지날개 길이는 폭의 3배가량 되며 강하고 불규칙한 점각이 있다. 어른벌레는 5월 초순에 활동하며 지금까지 한국(중부)특산종으로 알려졌다.

쌍무늬혹가슴잎벌레

혹가슴잎벌레

세점혹가슴잎벌레

수중다리잎벌레아과

Megalopodinae

뒷다리 넓적다리마디가 팽창된 무리

남경잎벌레 애벌레

잎벌레아과 가운데 몸 크기가 가장 큰 그룹에 속하는 수중다리잎벌레아과는 아시아 및 브라질 지역에서 일부 먹이식물과 행동이 알려졌다. 몸 크기가 약 10㎜로 큰데도 알려진 종수가 매우 적은 것으로 미루어 볼 때 종다양성이 매우 낮은 것으로 추정된다. 우리나라에서도 2속에 각 1종만이 알려진 작은 무리이다.

• •

수중다리잎벌레아과는 범열대성이지만 한국, 중국, 일본 등 극동지역 구북구(paleoarctic region, 舊北區)까지 분포한다. 몸길이는 10㎜ 내외로 잎벌레아과 가운데 대형에 속하며 큰가슴잎벌레아과처럼 수컷이 암컷보다 크다. 형태적으로 뒷다리 넓적다리마디는 크게 팽창되었고 종아리마디는 휘어졌다. 우리나라에서는 2속에 각 1종이 알려졌다. 이들의 생활사는 거의 알려지지 않았으며 아시아 및 브라질 지역에서 일부 먹이식물과 행동이 알려졌다.

전반적으로 쌍떡잎식물에 속하는 작은 관목류나 초본류에 서식한다. 한낮 뜨거울 때는 잘 날아다니며 앞가슴과 중간가슴 사이에서 소리를 낸다. 애벌레는 하늘소 애벌레처럼 먹이식물 줄기 속에서 조직을 먹으면서 굴을 만들지만 식물에 혹을 형성하지는 않는다. 이 아과는 전반적으로 먹이식물의 새로운 줄기 끝부분을 큰턱으로 돌아가면서 물어뜯어 자른다. 잘린 끝부분은 아주 매끈하고 깨끗하다. 어른벌레는 자른 끝 부분에서 나오는 수액을 핥아 먹는다.

브라질에 서식하는 종들은 잘린 줄기 약 10㎝ 아래를 암컷이 연속적으로 돌아가면서 큰턱으로 물어 상처를 만드는데 줄기가 쓰러질 정도로 깊지는 않다. 그리고 잘린 꼭대기로부터 2~3㎜ 아래에 작은 구멍을 만들어 줄기 속에 타원형 방을 만들고 알을 낳는다. 잎벌레가 줄기 속에 산란하는 것은 매우 특이한 경우다. 4령의 애벌레단계를 겪는다. 동양에서 수중다리잎벌레속은 물푸레나무속, 장미속, 하늘타리속, 고삼속의 식물을 먹는다. 수중다리잎벌레아과는 다식자이만 신대륙에서는 가지과, 아시아에서는 물푸레나무과, 장미과, 콩과를 먹는 경향이 있다.

번데기는 흰색 또는 황색이다. 머리와 몸 윗면에 센털이 있으며 넓적다리마디 끝에도 센털이 2개 있다. 9번째 배마디 끝에 쌍으로 된 돌기가 있고 각각 센털이 5~6개 있다. 꼬리돌기는 없으며 숨구멍은 1~6번째 배마디에 나 있다. 애벌레가 액체를 분비해 내부를 만든 땅속 방에서 번데기가 된다. 그래서 마지막 애벌레 허물이 번데기 끝에 붙어 있다.

우리나라 수중다리잎벌레류

수중다리잎벌레(*Clythraxeloma cyanipennis* Kraatz)는 몸길이 8~10.5㎜이며 길고 납작한 편이다. 머리는 적갈색이며 정수리에 검은 무늬가 세로로 나 있다. 앞가슴은 적갈색이며 기부 쪽에 넓은 사다리꼴 청색 무늬가 있다. 딱지날개는 금속성을 띤 청색이다. 다리는 적갈색이나 부절은 검고 뒷다리넓적다리마디 아랫면에 흑색 무늬가 있다. 몸에 전체적으로 긴 갈색 털이 있다. 두부는 몸에 비해 작고 강하며 조밀하게 점각이 있다. 더듬이는 머리와 가슴을 합친 길이와 비슷하며 첫째 마디는 곤봉 모양으로 가장 길다. 가슴에는 점각이 성기게 나 있다. 딱지날개는 평행하고 끝이 둥글며 강하고 조밀하게 점각이 있다. 뒷다리넓적다리마디는 크게 팽창되었고 아랫면 중앙 바로 앞에 가시가 1개 있다. 종아리마디는 많이 휘어졌다. 어른벌레는 5월 초순에서 6월 초순까지 활동한다. 한국(북부, 중부, 남부), 중국, 러시아 등에 분포한다.

수중다리잎벌레 뒷다리

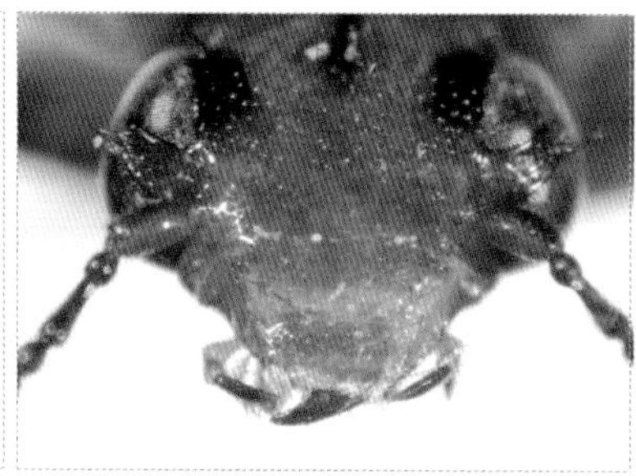

수중다리잎벌레 머리

수중다리잎벌레

남경잎벌레(*Temnaspis nankinea Pic*)는 몸길이 8~9.5㎜이며 길고 광택이 있다. 머리, 더듬이, 앞가슴, 다리는 흑색이지만 시초는 흑갈색이다. 더듬이는 머리와 가슴을 합친 길이보다 약간 길다. 딱지날개는 평행하며 끝이 둥글다. 판은 약간 볼록하며 중간 부근 바로 뒷부분은 조금 함몰되었고 갈색 털과 조밀한 점각이 있다. 다리는 짧은 편이며 뒷다리넓적다리마디는 크게 팽창되었다. 수컷의 뒷다리넓적다리마디 가운데에 큰 가시가 1개 있고 아래 부근에는 작은 가시가 2개 있다. 암컷은 큰 가시가 없고 작은 가시만 2개 있다. 종아리마디는 휘어졌다.

어른벌레는 5월 초순에서 6월 초순까지 활동한다. 어른벌레의 먹이식물은 물푸레나무다. 1년에 1세대 발생하며 먹이식물 뿌리에 붙어 있는 지하 번데기 방 안에서 어른벌레로 월동한다. 먹이식물 새싹이 10~20㎝ 자랐을 때 어른벌레는 땅으로 올라와 새싹의 부드러운 윗부분을 먹기 시작한다. 새싹의 한쪽 부분만 먹어서 윗부분이 넘어지고 시들어서 잎이 말리게 된다. 계속해서 다른 나무로 이동해서 같은 방법으로 피해를 주는데 심각할 정도다.

어른벌레는 번데기 방에서 나온 후 1~2일 안에 짝짓기를 한다. 암컷은 적당한 산란장소를 찾아 먹이식물의 새로운 줄기 끝부분을 큰턱으로 돌아가면서 물어뜯어 자른다. 잘린 끝부분에서 2~3㎜ 아래에 입으로 작은 구멍을 만들어 산란한다. 산란 시간은 매우 짧아 수초 내에 마치고 알이 들어 있는 줄기를 올라갔다 내려갔다 한다. 산란한 줄기 양옆에 나 있는 잎자루를 알이 있는 높이 정도에서 잘라 버린다. 산란하기 전에 암컷은 자른 끝 부분에서 나오는 수액을 핥아 먹으며, 이로 인해 잘린 끝부분이 수축된다. 애벌레는 30~40일간 줄기 내부를 먹고, 다 자란 애벌레는 줄기 아랫부분에 구멍을 만들어 지표면에 떨어진 후 번데기가 되기 위해 틈 속으로 기어 들어가 기주 부근에 방을 만든다. 번데기는 다리와 날개가 나와 있으며, 어른벌레는 겨울 전에 출현해 다음 봄까지 방에서 허물을 가진 상태로 월동한다. 한국(북부, 중부, 남부), 중국 등에 분포한다.

남경잎벌레

1~2 남경잎벌레 산란 흔적 **3** 남경잎벌레 뒷다리 **4** 남경잎벌레 머리

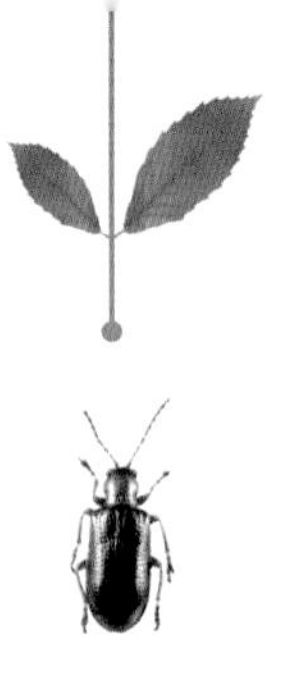

긴가슴잎벌레아과

Criocerinae

몸도 가슴도 길쭉한 무리

열점박이잎벌레 애벌레. 구기자 잎을 먹고 있다.

앞가슴과 몸통이 길쭉한 잎벌레로 우리나라에는 25종이 알려진 무리다. 외떡잎식물을 주로 먹으며 포식자로부터 몸을 보호하는 다양한 방어술도 구사한다. 노랑배긴가슴잎벌레 수컷이 짝짓기 전에 발목마디와 더듬이로 암컷의 머리를 비비는 구애행동을 한다는 사실이 최근에 밝혀졌다.

외떡잎식물 좋아하는 길쭉한 잎벌레들

긴가슴잎벌레는 크기가 3~9㎜이며 이름처럼 가슴과 몸이 길쭉하다. 앞날개에 점각이 줄지어 규칙적으로 난다. 겹눈 뒷부분의 머리는 좁다. 가장 오래된 화석은 러시아와 폴란드의 신생대 3기 4천만 년 전 지층 호박에서 발견되었다. 외떡잎 및 쌍떡잎식물을 모두 먹지만 외떡잎식물을 먹는 종이 보다 많이 알려졌다. 세계적으로 약 1,400종이 있으며 이 가운데 긴가슴잎벌레 300여 종에 대해서만 먹이식물이 알려졌다. 온대, 아열대 및 열대지방을 포함해서 전 대륙에 분포하지만 아직까지 뉴질랜드에서는 보고된 적이 없다. 우리나라에서는 가슴잎벌레속(*Crioceris*), 긴가슴잎벌레속(*Lilioceris*), 닮은벼잎벌레속(*Lema*) 및 벼잎벌레속(*Oulema*)의 25종이 알려졌다.

어른벌레와 애벌레 시기에 모두 외떡잎식물을 먹는 종들은 한 겹의 표피층을 남기고 잎맥과 같은 방향으로 잎의 조직을 먹는다. 쌍떡잎식물을 먹는 종들은 보다 식욕이 왕성하며 굵은 잎맥을 제외한 잎 전체의 얇은 조직뿐만 아니라 어린 줄기도 먹는다. 먹이실험에서 가지과식물을 먹는 종들은 백합과식물을 절대 먹지 않았지만 백합과식물을 먹는 종들은 가지과식물을 먹었다. 긴가슴잎벌레속 종들은 백합속, 무릇속, 뻐꾹나리속, 둥굴레속, 아스파라거스속, 은방울꽃속, 부추속, 청미래덩굴속, 마속 등 외떡잎식물을 먹는다.

가슴잎벌레속 종들은 백합과와 아스파라가스아과 식물을 먹는다. 애벌레와 어른벌레는 잎과 줄기를 먹으며 어떤 종은 실험에서 다른 식물은 먹지 않고 아스파라거스만 먹는 것으로 밝혀졌다. 닮은벼잎벌레속 종들은 대부분 벼과식물의 꽃가루를 먹고 벼, 오리새, 귀리, 옥수수, 보리, 밀, 호밀 등을 먹는다. 벼잎벌레속 종들은 벼, 띠, 갈대, 겨풀, 기장대풀, 포아풀, 강아지풀 등 벼과식물을 먹는다. 애벌레는 먹이식물 잎에서 자유생활을 하며 점액질과 배설물로 몸을 덮고 있다.

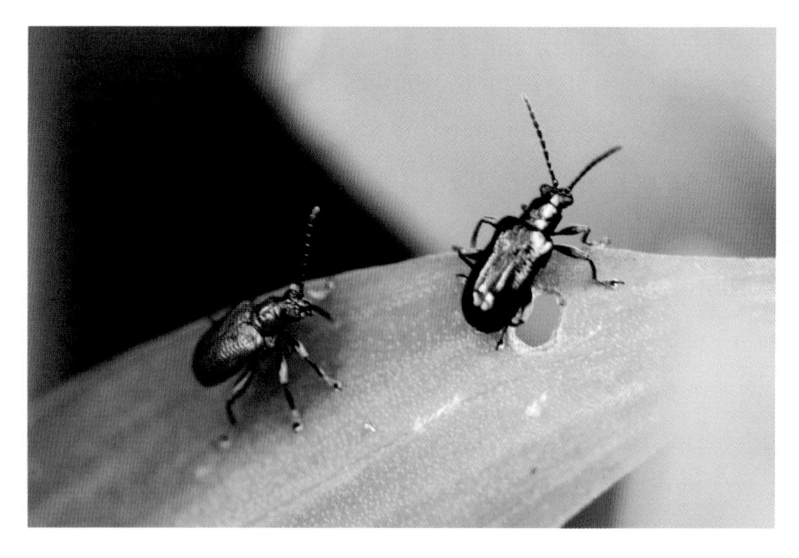

적갈색긴가슴잎벌레(왼쪽)와 배노랑긴가슴잎벌레(오른쪽)
닭의장풀에 함께 있다.

잎벌레 19개 아과 가운데 긴가슴잎벌레아과를 포함해서 4개 아과가 콩, 오이, 곡물, 초본식물 바이러스를 옮기는 매개체 역할을 한다. 먹이 식물을 먹은 부분에 배설해 바이러스(cocksfoot mottle virus)를 옮기는 종(*Oulema melanopa*)도 있다. 벼잎벌레는 우리나라에서 비교적 기온이 낮은 산간 지방에서 재배하는 벼에 많은 피해를 주고 있다. 붉은가슴잎벌레와 주홍배큰벼잎벌레는 참마에 큰 피해를 준다.

방어술도 다양

포식자로는 침노린재, 쐐기노린재, 풀잠자리, 무당벌레류, 반날개, 응애 등이 있으며 특히 무당벌레, 반날개 및 응애는 알과 애벌레를 포식한다. 수중다리좀벌류, 좀벌류, 알벌류, 총채벌류, 맵시벌류, 금좀벌류, 고치벌류, 기생파리류 등은 애벌레, 번데기, 어른벌레에 기생한다. 자낭균류 가운데 라불베니아류(Laboulbeniales)가 어른벌레에 기생하며, 미포자충(microsporidian)에 의해 기생당하기도 한다.

긴가슴잎벌레들은 다른 곤충의 무늬 모방, 비행, 소리, 화학물질 분비, 배설물 묻히기 등 매우 다양한 방어 전략을 구사한다. 점박이잎벌레는 잡히기 직전에 재빠르게 비행하거나 잡혔을 때 소리를 내는데, 비행 즉 분산은 훌륭한 방어행동이다. 특히 점박이잎벌레의 황적색 바탕에 검고 둥근 무늬는 맛이 없는 먹이라는 것을 나타내어 무차별적으로 먹는 포식자를 피한다.

포식자가 공격할 때 분비하는 화학물질 알로몬은 앞가슴등판과 앞날개 분비기관에 저장되었다가 필요시 분비한다. 백합긴가슴잎벌레는 방어물질인 아미노산 유도물질을 생성한다. 많은 애벌레들이 배설물을 등에 붙이고 다니며, 이것은 자동으로 생산되는 외분비 방어물질이다. 즉 소화된 식물 화학물질이며 배설물을 재활용하는 진화한 방어전술이다. 특히 닮은벼잎벌레속의 종들은 가지과식물을 먹는 종이 많으며, 이 식물들은 2차 독성물질을 많이 함유하고 있어서 배설물에 의한 물리적인 방어기능뿐만 아니라 스테로이드계 글루코알칼로이드와 사포닌 성분으로 천적이 공격하기를 꺼리게 하는 역할을 한다. 어떤 종은 액체 상태인 배설물이 매우 커서 그 안에 완전히 숨어 지낸다.

딱정벌레목이 소리를 내는 것은 같은 종 사이에서 짝짓기 등 정보 전달을 위한 것이지만 보호용으로도 이용한다. 천적에게 잡혔을 때 포식자를 깜짝 놀라게 해서 탈출하기도 한다. 백합긴가슴잎벌레는 앞날개와 배의 마지막 배판 즉 미절을 마찰시켜서 작은 소리를 낸다. 배판 위에는 아주 미세하게 돌출한 줄이 120~130개 있다. 마찰발음수용기는 앞날개 끝 부분 아래에 키틴질화 된 이빨 같은 미세한 돌기들이 줄지어 나 있다. 가슴잎벌레속 종들의 마찰발음수용기도 긴가슴잎벌레속과 비슷하며 앞날개에 배를 수축시키면서 마찰시켜 소리를 낸다. 마찰발음 횟수는 초당 3~8회로 종에 따라서 다르다. 점박이잎벌레의 소리 진폭은 5~6㎑이지만 최대 10㎑까지 낼 수 있다. 발음기관의 형태도 종마다 차이가 있어 계통발생학적 관계를 연구하는 데 이용된다. 백합이나 난초 꽃을 먹는 긴가슴잎벌레속 애벌레들은 위험을 느끼면 바닥으로 떨어지며, 어떤 종은 앞가슴 뒤와 앞날개 앞쪽 모양이 포식자를 아프게 압박을 할 수 있는 구조다.

흰색 고치를 만들고 번데기가 된다

딱정벌레목 가운데 짝짓기 전에 수컷이 암컷의 머리를 비비는 구애행동을 하는 것은 지금까지 벼뿌리잎벌레류에서만 보고되었다. 이 책을 통해 노랑배긴가슴잎벌레도 짝짓기 전에 수컷이 앞다리 발목마디와 더듬이로 암컷의 머리를 비빈다는 것을 처음으로 밝힌다. 이러한 준비 과정이 끝나고 암컷이 받아들일 준비가 되면 서로 짝짓기를 시작한다.

짝짓기가 끝나면 종에 따라 먹이식물 잎 윗면이나 아랫면 또는 줄기에 1개씩 또는 집단으로 산란하는 경우와 불규칙하게 줄지어 낳는 경우도 있다. 암컷 한 마리가 수십 개에서 700여 개 까지 낳는 등 알 수는 매우 다양하다.

애벌레의 머리, 몸, 다리는 광택이 있는 백색, 황색, 황적갈색이다. 배 표피에는 아주 미세한 돌기들이 있으며, 더듬이 각 마디에는 작은 돌기가 2~3개 있다. 앞가슴등판 앞 부근에 돌기들이 있으며 배1~7마

배노랑긴가슴잎벌레

짝짓기 전 구애행동. 수컷이 앞발로 암컷의 머리를 비빈다.

디에 숨구멍이 있다. 애벌레의 생활사는 속과 속, 또는 같은 속의 종과 종 사이에도 매우 다채롭다. 거의 모든 애벌레가 군집생활을 하지 않는다. 닭의장풀과식물 잎에 굴을 파고 사는 일부 잠엽성 종을 제외하고 대부분은 먹이식물 잎, 줄기, 새싹에서 노출된 상태로 자유생활을 한다. 잠엽성 종들은 원시적인 잎벌레로 생각된다. 애벌레는 자신이 분비한 배설물로 만든 통을 등에 지고 다니거나 몸 전체를 배설물 속에 숨기고 산다.

번데기가 될 때는 중간창자에서 나오는 딱딱한 흰색 물질로 고치를 만든다. 고치는 흰색으로 가슴잎벌레속, 긴가슴잎벌레속, 벼잎벌레속 종들은 먹이식물 부근 땅 속에 만들지만 다른 속의 종들은 먹이식물 잎에 단단히 고정해 만든다.

우리나라 긴가슴잎벌레류

아스파라가스잎벌레(*Crioceris quatuordecimpunctata* Scopoli)는 몸길이 6~7㎜이며 앞날개에 검고 둥근 무늬가 7개 있다. 앞가슴뒤판과 배 1~2마디는 흑색이다. 아스파라가스의 해충이며, 비교적 산간지역에 많다. 월동한 어른벌레가 5월에 아스파라가스 잎에 황색 알을 낳는다. 부화한 애벌레는 아스파라가스 잎을 먹고 성장하며, 마지막 단계 애벌레는 땅속에 들어가 흰 고치 속에서 번데기가 된다. 한국(북부, 중부, 남부), 일본, 중국, 러시아, 유럽 등에 분포한다.

백합긴가슴잎벌레(*Lilioceris merdigera* Linnaeus)는 몸길이 7~8.5㎜이며 전체적으로 적갈색이다. 월동한 어른벌레가 4월에 참나리나 백합에 나타나고, 5월 하순에 알 250여개를 무더기로 또는 1개씩 낳는다. 애벌레와 어른벌레는 참나리나 백합을 주로 먹고, 다른 종에 비해 크고 딱딱

아스파라가스잎벌레
검고 둥근 무늬가 7개 있다.

백합긴가슴잎벌레
참나리를 먹고 있다.

백합긴가슴잎벌레가 참나리를 먹은 흔적

한 배설물을 등에 붙인다. 완전히 성숙한 애벌레가 되면 등의 배설물을 떨어뜨리고 땅 속에 들어가 고치를 만들고 번데기가 된다. 1년에 1회 발생하며 맵시벌과 기생파리가 애벌레에 기생한다. 한국(전국), 일본, 중국, 타이완, 러시아, 유럽, 멕시코, 브라질 등에 분포한다.

고려긴가슴잎벌레(*Lilioceris ruficollis* Baly)는 8~8.5㎜ 크기이며, 앞날개는 검은색을 띠는 청색이나 앞가슴등판은 적갈색이고 머리, 더듬이, 다리는 흑색이다. 우리나라 전역에 분포하며, 자세한 생활사는 알려지지 않았다. 한국 (중부, 남부, 제주도), 일본, 중국 등에 분포한다.

등빨간긴가슴잎벌레(*Lilioceris scapularis* Baly)는 8.5~9.5㎜ 크기이며 우리나라에서 긴가슴잎벌레 가운데 가장 크다. 전반적으로 광택이 있는 흑색이며 앞날개 어깨 부근에 불규칙한 오렌지색 무늬가 있다. 한국(북부, 중부, 남부), 일본 (대마도), 중국 등에 분포한다.

점박이큰벼잎벌레(*Lema adamsii* Baly)는 5.5~6㎜ 크기로 시초는 전반적으로 검은 점이 4개 있는 황토색 내지 황색이다. 2줄로 넓은 무늬가 있는 경우도 있다. 월동 어른벌레는 4월에 나타나 참마 잎에서 살며 비행능력이 뛰어나다. 5월 중 · 하순에 암적색 알을 참마 잎 위에 낳는다. 다 자란 애벌레는 땅 속에 들어가 흰색 고치를 만들고 번데기가 된다. 산란에서 번데기까지 4주 정도 걸리며 연 1회 발생한다. 한국(중부, 남부), 일본, 중국 등에 분포한다.

붉은가슴잎벌레(*Lema honorata* Baly)는 5~6㎜ 크기이며 앞날개는 흑청색이나 머리, 앞가슴은 흑색이다. 4월 중순에 월동 어른벌레가 나타나 참마 새순과 어린잎을 먹는다. 5월 중 · 하순에는 새순에 등황색 알을 낳는다. 애벌레는 5~6월에 새순이나 잎을 먹는다. 점액질의 분비물을 등에 덮고 있으며, 연 1회 발생 한다. 한국(중부, 남부), 일본, 중국, 타일

점박이큰벼잎벌레
참마에 산란하는 순간

붉은가슴잎벌레
먹이풀인 참마에 있다.

랜드, 베트남 등에 분포한다.

열점박이잎벌레(*Lema decempunctata* Gebler)는 몸길이 4~6㎜이며 앞날개는 갈색 바탕에 검은 무늬가 10개 있으나 전혀 없는 개체까지 변이가 크다. 월동 어른벌레는 3월 하순에 구기자나무 잎을 먹으며, 4~5월 초순에 걸쳐 잎에 황색 알을 10개씩 2줄로 낳는다. 애벌레는 5월 중·하순에 마지막 애벌레가 되어 땅에 들어가 흰색 고치 속에서 번데기가 된다. 연 4회 발생하는 것으로 추정한다. 한국(북부, 중부, 남부), 일본, 중국, 러시아 등에 분포한다.

배노랑긴가슴잎벌레(*Lema concinnipennis* Baly)는 몸길이 5~6.5㎜이며 전체적으로 청색 또는 흑색이지만 배 끝 3마디는 황갈색이다. 월동한 어른벌레는 4월 하순부터 나타나, 5월 초순에서 7월 하순에 걸쳐 닭의장풀 잎 뒷면에 알 15개 정도를 덩어리 형태로 낳는다. 애벌레는 집단으로 먹이를 먹으며 상체를 동시에 흔드는 방어습성이 있다. 애벌레 등을 덮는 배설물의 양은 적으며, 어른벌레는 9월에 휴면에 들어가 월동한다. 연 1회 발생한다. 한국(전국), 일본, 중국, 타이완, 러시아, 필리핀 등에 분포한다.

쑥갓잎벌레(*Lema cyanella* Linnaeus)는 몸길이 5~6.5㎜이며 앞가슴과 앞날개는 청색이나 흑청색이다. 배노랑긴가슴잎벌레보다 앞가슴등판의 점각이 조밀하다. 먹이식물 위에서 짝짓기하며 알은 엉겅퀴 잎 위 혹은 아랫면에 드러나게 낳는다. 애벌레는 배설물 통을 덮고 살며 잎 아랫면을 선호한다. 땅 속 고치에서 번데기가 된다. 맵시벌과 좀벌류가 기생자다. 한국(전국), 중국, 몽골, 유럽 등에 분포한다.

적갈색긴가슴잎벌레(*Lema diversa* Baly)는 몸길이 5~6㎜이며 전체적으로 적갈색이나 연갈색이다. 월동 어른벌레가 4월 중순에 닭의장풀에

열점박이잎벌레
1 구기자에서 짝짓기 한다. **2** 구기자에 입힌 피해

배노랑긴가슴잎벌레
닭의장풀을 먹은 흔적

적갈색긴가슴잎벌레
닭의장풀을 먹고 있다.

나타나며, 4월 하순에서 5월 초순에 걸쳐 잎 위에 산란한다. 애벌레는 2주일 만에 마지막 단계 애벌레가 되며, 땅 속에 들어가 흰색 고치 속에서 번데기가 된다. 연 2~3회 발생한다. 한국(전국), 일본, 중국 등에 분포한다.

등빨간남색잎벌레(*Lema scutellaris* Kraatz)는 몸길이 5.5~6㎜이며 앞날개는 청색이지만 기부 부근 황갈색 역삼각형 무늬와 날개끝 부분은 황갈색이다. 6월부터 7월에 출현하며 닭의장풀에 1개씩 알을 낳는다. 애벌레는 배설물 통을 덮고 살며 4~5령 단계를 거친다. 1년에 1회 발생하며 여름잠을 자는 것으로 추정한다. 한국(북부, 중부), 일본, 중국, 타이완, 러시아 등에 분포한다.

벼잎벌레(*Oulema oryzae* Kuwayama)는 몸길이 4~4.5㎜이며 앞가슴은 적갈색이고 앞날개는 청색이다. 논 주변의 지표에서 월동한 어른벌레는 5월 중 · 하순에 논에 나타나며, 6월 초순에서 7월 하순에 걸쳐 벼에 알을 3~12개 모아 낳는다. 마지막 애벌레는 땅 위나 속에 흰색 고치를 만들고 번데기가 된다. 새로운 어른벌레는 7월 하순에서 8월 하순에 출현하지만 짝짓기하지 않고 9월에 월동한다. 1년에 1세대 발생하며 벼, 오리새, 줄이 먹이식물이다. 포식자는 무당벌레류와 반날개류, 알과 애벌레의 기생자로는 좀벌류, 금좀벌류가 있다. 한국(북부, 중부, 남부), 일본, 중국, 타이완, 몽골리아 등에 분포한다.

등빨간남색잎벌레
날개에 황갈색 무늬가 있다.

벼잎벌레
우리나라 벼에 큰 피해를 준다.

홍줄큰벼잎벌레
붉은 띠가 있다.

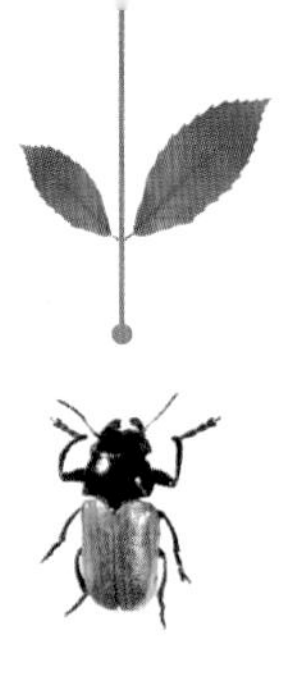

큰가슴잎벌레아과

Clytrinae

애벌레 때
개미집에 들어가 살다
우화 후 떠나는 무리

밤나무잎벌레의 짝짓기

많은 종들이 숨어 살거나, 작은 방해에도 바로 땅에 떨어지는 습성이 있어 생활사가 별로 알려지지 않은 큰가슴잎벌레는 대다수가 번데기 단계까지 개미와 같이 생활한다. 우화한 어른벌레가 둥지를 떠날 때 개미의 공격을 받아 위험한 경우가 많지만, 어른벌레는 아주 신중하고 느리게 움직여 개미집을 벗어난다. 애벌레는 개미의 알과 배설물 등을 먹기 때문에 동종포식을 할 필요가 별로 없다.

• •

큰가슴잎벌레는 계통분류학적으로 통잎벌레아과와 가까우며 몸의 형태도 앞과 뒷부분이 둥글고 뭉툭한 원통형으로 비슷하다. 그러나 통잎벌레류에 비해 몸집이 크고, 더듬이 끝마디가 딱지날개 기부에 겨우 도달할 정도로 짧으며, 톱날이나 빗살 모양이다. 앞가슴등판의 기부 넓이는 딱지날개 기부의 폭만큼 넓으며, 조금의 틈도 없이 매우 밀착되었다. 머리도 앞가슴에 틈이 없이 밀착되었고, 넓은 이마 때문에 더듬이 기부가 넓게 분리되었다. 많은 종들이 숨어 살거나, 작은 방해에도 바로 땅에 떨어지는 습성이 있어 생활사가 많이 알려져 있지 않다. 큰가슴잎벌레 화석 가운데 지금까지 가장 오래된 지층에서 발견된 것은 영국 우스터셔 서부지역 쥐라기 지층에서 나온 것이다. 세계적으로 947종 이상이 알려졌으며 대부분 에티오피아구(308), 신열대구(232), 구북구(218), 동양구(155), 신북구(32)에 분포하고 오스트레일리아구(2)에는 거의 서식하지 않는 것으로 알려졌다. 우리나라에는 5속 15종이 보고되었다.

대부분 번데기 단계까지 개미와 같이 생활

어른벌레는 교목이나 관목류의 어린잎, 초본류 등 37과의 식물을 먹는 다식자로, 지금까지 알려진 큰가슴잎벌레아과 63속 가운데 31속(49.2%)의 먹이식물이 보고되었다. 기주 선택은 식물의 종류, 잎의 수분 정도, 잎의 여린 정도 등에 따라 결정된다. 큰가슴잎벌레아과가 어린 나무와 관목을 좋아하는 데는 어린잎이 물기가 많아 먹기 좋고, 주로 잎에서 숨어 지내는 암컷의 생활습성과 관련 있다. 지리적인 먹이식물 선택의 차이는 지역별 산림식생 군집의 빈도 및 개미집의 이용과 관련이 있다. 장미과, 콩과, 마디풀과 식물을 주로 선택하지만 꽃, 꽃가루, 싹, 아주 어린잎을 구별하지 않고 먹는다. 주로 벼과의 화분을 먹는 것은 단백질과 아미노산의 필요도와 관련 있다. 경제적으로 포도나무, 귤나무, 체리, 목화, 곡물, 카카오, 아까시나무, 베리 등에 피해를 미친다.

어른벌레는 다식자이지만 모든 식물을 먹는 것은 아니다. 예를 들면 꼭두서니과, 대극과, 박주가리과는 애벌레나 어른벌레 모두가 피한다. 이런 식물은 대부분의 곤충에 독으로 작용하는 라텍스(고무나무의 진처럼 흰 액체의 기름기 있는 수지) 성분이 있다. 한편 아시아와 아프리카에서 여러 속의 큰가슴잎벌레아과 곤충이 뿌리에 독성이 있어 살충제 원료로 쓰이는 콩과식물 데리스(Derris)를 먹는다. 이런 종은 강력한 살충제로 쓰이거나 물고기까지 죽게 하는 독성이 매우 강한 식물의 독을 해독하는 능력이 있다.

일부 속의 애벌레가 땅이나 식물에 살지만 대다수가 번데기 단계까지 개미와 같이 생활한다. 애벌레가 직접 개미집으로 들어가는 경우도 있고, 알 단계일 때 개미들이 끌고 들어가는 경우도 있다. 그러나 일부 종들은 개미집에서 생활하는 것 보다 개미집 부근에 있는 것을 더 좋아한다. 참큰가슴잎벌레는 여러 거저리나 꽃무지 종류처럼 개미집 부근 돌 밑에 서식한다. 자유생활을 하는 애벌레와 달리 개미와 함께 사는 애벌레는 육식성이다. 그들은 개미가 운반해 놓은 먹이의 찌꺼기, 알, 번데기의 허물, 개미 사체, 배설물 등을 먹는다. 큰가슴잎벌레 애벌레는 여러 속의 개미 집안에서 흔하게 발견되며 40여 종의 개미와 같이 사는 것으로 알려졌다.

어른벌레는 봄에 과일나무에서 흔하게 발견되며 25과 42속 식물이 알려졌다. 봄철에 우화한 큰가슴잎벌레 수컷이 먼저 관목류에 모이고 며칠 뒤 암컷이 모인다. 수컷은 암컷의 등에 휴식을 취하듯이 다리를 올려놓고 짝짓기 하며, 1시간에서 수일이 걸리고 암컷은 여러 수컷과 짝짓기를 한다. 짝짓기 후 암컷은 혼자 살며 바로 산란하고, 알을 흩어지게 낳는다. 이것은 알에서 깨어난 애벌레가 먹이식물을 발견할 확률은 낮지만 포식자, 기생자 또는 동종포식 등으로부터 알을 보호할 수 있기 때문이다. 산란하는 동안 암컷은 잎이나 먹이식물 가지에 앞다리와 중간다리를 고정시키고 몸 뒤쪽을 위로 향하게 한다. 뒷다리는 부절이 배의 끝 밑에 다소 평행하도록 한다. 알이 나오자마자 뒷다리 부절로 받아서 움푹 들어간 8번째 배마디에 밀어 넣는다.

우화해 떠나는 순간 개미의 공격 위험

암컷은 땅바닥에 알을 떨어뜨리기 전에 작은 배설물 조각과 분비물로 균일하게 알을 덮어서 보호한다. 이때 나오는 배설물 조각의 모양은 평소 분비하는 작은 탄환 모양의 배설물과는 형태가 다르다. 이것은 암컷 직장 중간에 원형으로 배열된 키틴질의 기관이 있어 가능하다. 암컷은 배설물을 납작한 비늘이나 판 모양으로 압축할 때 이 기관을 사용한다. 동시에 직장샘에서 액체가 분비되어 배설물을 적셔주어 유연성과 안정성을 더한다. 첫 번째 배설물 조각이 나오면 꼬리마디를 포함해 항문을 둘러싸고 있는 6개의 판을 움직여 알 표면에 붙인다. 부절로 알을 거의 세로로 회전시켜서 배설물 조각을 붙인 다음 다시 알을 거의 가로 방향으로 움직여 배설물을 붙인다. 끝이 약간 올라오도록 배설물 조각에 압력을 가한다. 마지막에는 꼬리마디로 알의 끝 납작한 곳에 분비물을 스며들게 해 이 부근으로 애벌레가 알과 알집을 연속적으로 깨고 나오게 한다. 배설물 도배가 완전히 끝난 후 대다수 종의 암컷은 알을 그냥 땅으로 떨어뜨린다.

참큰가슴잎벌레류나 민가슴잎벌레류는 실 같은 분비물로 알을 먹이식물에 단단히 고정시킨다. 알집을 만드는 데 약 12분이 소요되며 종에 따라 차이가 있지만 알이 수십 개에서 수백 개나 된다. 암컷의 배설물과 분비물로 싸인 알은 씨앗과 비슷하며, 개미집을 짓는 재료로 개미에 의해 운반되어 개미집 바로 옆에 모인다. 알에는 개미가 좋아하는 달콤한 냄새가 나는 분비물이 발라져 있다. 개미집 밖에서 부화한 애벌레도 개미집에 들어가기 위해 개미에게 달라붙어 집으로 운반된다. 상당한 시간이 경과한 후 애벌레는 알집 가운데 융기된 곳으로부터 알을 깨고 나온다. 하루 내지 이틀 휴식 후 둥근 입구를 만들기 위해 배설물 벽에 원형으로 홈을 만들며 조금씩 갉아먹는다. 애벌레는 열린 뚜껑을 버리지 않고 자신을 보호하기 위한 방패로 갖고 다닌다. 이 뚜껑은 애벌레에게 생명유지를 위한 필수품이며 만약 잃어버리면

반금색잎벌레
배설 순간

반금색잎벌레가 산란 후 알에 분비물을 바르는 행동

탈수나 배 손상 또는 식충성 천적에 의해 피해를 입을 것이다. 이동이 나 먹이를 위해 머리, 가슴, 긴 다리를 집 밖으로 내밀고 다닌다.

일반적으로 어린 애벌레는 집을 위로 경사지게 하지만 노숙 애벌레는 지면을 따라 끌고 다닌다. 집을 끌고 다니기 좋게 풍뎅이 애벌레처럼 배가 앞으로 굽어 갈고리처럼 집에 걸리게 되었다. 매번 탈피 전에 배설물로 입구를 막으며 번데기가 되기 전에는 나무나 모래 같은 딱딱한 물질로 입구를 막는다. 막힌 집안에서 애벌레는 머리가 밑으로 가도록 자세를 거꾸로 하고 있으며, 이렇게 수일이 지나면 굽은 몸이 자루처럼 똑바로 된다. 수일 후 번데기가 되며 어른벌레가 되어도 몸이 완전히 굳을 때까지 집을 떠나지 않는다. 충분히 굳은 다음 집 후방을 둥글게 자르고 떠난다. 번데기는 흰색 또는 연한 황색이며 다리는 광택이 있다. 머리와 몸 윗면과 옆면에는 센털이 있고, 더듬이 각 마디에는 작은 돌기가 3개 있다. 1~6번째 배마디에 숨구멍이 있고 꼬리돌기는 없다. 애벌레 항문에서 나온 흰 분비물로 밀폐된 애벌레 집에서 번데기가 된다.

가장 위험한 순간은 방금 우화한 어른벌레가 개미집을 떠날 때로, 개미의 공격을 자주 받는다. 어른벌레는 아주 신중하고 느리게 조금씩 앞으로 기어간다. 개미가 건드리면 즉시 다리와 더듬이를 몸에 바짝 붙이고 꼼짝도 하지 않으며 반사출혈로 입에서 독성 거품을 발생시킨다. 개미집 입구에 이르면 즉시 날아가 버린다. 새로 부화한 어른벌레는 푸른 허물을 쓰고 있으며 개미가 이런 분비물을 핥아먹는다. 큰가슴잎벌레 애벌레는 개미의 알과 배설물 등을 먹는다. 따라서 동종포식을 하지 않아도 단백질을 포함해서 영양을 보충할 수 있다. 이러한 산란전략은 성장까지 개체들끼리 접촉하지 않게 해 동종포식의 기회를

줄여준다.

마찰음이나 시각,
후각적인 모방으로 방어

어떤 종의 암컷은 애벌레 다리로 잎을 단단하게 고정시키면서 자신을 보호한다. 따라서 밀거나 당겨도 잘 떨어지지 않는다. 실험 상태에서 암컷을 떼어냈을 때 개미에 의해 애벌레들이 하루 안에 공격을 당해 개미집으로 운반되었다. 일부 종은 딱지날개와 배를 이용해서 마찰음을 내며, 중간가슴 세로줄에 앞가슴등판을 비벼서 마찰음을 내는 종도 있다. 진동에 의한 소리로 잠재적인 포식자들을 놀라게 해 자신을 보호하는 방법이다.

큰가슴잎벌레 암컷은 비단벌레의 밝은 금속성 초록색을 모방하고, 수컷은 딱지날개 어깨에 붉고 둥근 견장 같은 무늬가 1쌍 있어 마치 가는 개미허리처럼 보이도록 모방한다. 큰가슴잎벌레아과 21종이 통잎벌레, 무당벌레, 소바구미, 콩바구미, 비단벌레, 바구미의 무늬와 색을 모방하는 것으로 추정한다. 수컷은 먹이식물 바깥 가지 끝부분에서 잡히지만 암컷은 관목류 숲 안쪽 깊은 곳에서 채집 된다. 개미 외부 기생자인 애벌레는 시각적인 모방이 아니고 개미 애벌레의 페르몬과 유사한 물질을 분비해 개미들에게 받아들여지는 데 성공하거나 개미집으로 운반된다.

천적으로는 알에 기생하는 알벌과, 좀벌과, 깡충좀벌, 애벌레에는 깡충좀벌, 개미벌, 소화기관에는 원생동물, 애벌레와 번데기에는 자냥균류가 알려졌다.

우리나라 큰가슴잎벌레류

중국잎벌레(*Labidostomis chinensis* Lefevre)는 몸길이 약 8㎜이며 머리, 앞가슴, 배는 흑청색이다. 딱지날개는 밝은 황색이다. 다리는 검은 갈색이며 퇴절은 흑청색이다. 머리는 크고 앞가슴 앞부분의 폭만큼 넓으며 전체적으로 긴 털이 있다. 앞가슴은 길이보다 폭이 2배가량 되며 등판 중앙은 융기되고 성긴 점각과 긴 털이 있다. 딱지날개는 조밀하고 불규칙하게 점각이 있으며 점각 사이는 융기되었다. 다리 종아리마디는 휘었다. 어른벌레는 7월에 출현하며 개체수가 매우 희귀하다. 한국(북부, 중부), 중국, 러시아 등에 분포한다.

동양잎벌레(*Labidostomis orientalis* Chujo)는 몸길이 7~9.5㎜이며 머리, 앞가슴, 다리 및 배는 흑청색이다. 딱지날개는 연한 갈색이며 가끔 어깨 부근에 검고 둥근 무늬가 있다. 머리는 크고 앞가슴 앞부분의 폭만큼 넓다. 수컷의 앞 입술 중앙 돌기는 날카롭다. 앞가슴등판 중앙은 융기되고 다양한 크기의 점각이 있으나 털은 없다. 딱지날개는 조밀하게 점각이 있다. 다리 넓적다리마디는 약하게 팽창되었고 종아리마디는 강하게 휘었다. 5월 초순에서 6월 초순 사이에 발생하며 먹이식물은 가는기린초로 알려졌다. 한국(중부, 남부), 중국, 러시아에 분포하는 대륙종이다.

넉점박이큰가슴잎벌레(*Clytra arida* Weise)는 몸길이 8~11㎜이며 머리, 앞가슴등판은 흑색이다. 딱지날개는 적갈색이며 어깨 부근과 후방 중앙에 검은 무늬가 있으나 없는 경우도 있다. 머리는 거칠고 조밀하게 점각이 있고 가는 털도 있다. 앞가슴등판은 다소 균일하지 않고 미세하게 점각이 있다. 딱지날개는 조밀하고 불규칙하게 점각이 있다. 5월 말~7월 말에 산지의 초원에서 출현하며 산개미와의 공서관계가 있을

중국잎벌레 두흉부

중국잎벌레

넉점박이큰가슴잎벌레

동양잎벌레 수컷

동양잎벌레 암컷

동양잎벌레 암컷

것으로 추정된다. 어른벌레 먹이풀은 버드나무류, 싸리나무이다. 한국(중부, 남부), 중국, 일본, 러시아, 몽골 등에 분포한다.

밤나무잎벌레(*Physosmaragdina nigrifrons* Hope)는 몸길이 4.8~5.5㎜이며 전체적으로 검은 무늬가 있는 적갈색이며 무늬변이가 심하다. 머리는 흑색이다. 앞가슴등판은 황색을 띠는 적색이고, 검은 무늬가 있는 경우도 있다. 딱지날개는 황색을 띠는 적갈색이며 어깨 부근과 후방 중앙에 검은 무늬가 있지만 완전히 없는 개체도 있다. 앞가슴은 광택이 있으며 점각이 세밀하게 나 있다. 딱지날개는 조밀하고 불규칙하게 점각이 나 있다. 5월 하순에서 9월 초순까지 어른벌레가 활동하며 밤나무, 참억새, 개망초, 벼과식물 꽃가루를 비롯해 다양한 식물을 먹는다. 한국(전국), 일본, 중국, 베트남 등에 분포한다.

청남색잎벌레(*Smaragdina aurita* Linnaeus)는 몸길이 4.5~6.2㎜이며 전체적으로 청람색이다. 머리, 앞가슴등판은 흑색이지만 가슴 옆면은 적색이다. 머리는 광택이 있고 엉성하지만 강한 점각이 있다. 딱지날개 점각은 전체적으로 조밀하고 불규칙하게 나 있다. 7월 초순에서 8월 초순에 어른벌레가 활동하며 먹이풀로 오리나무, 버드나무류가 알려졌다. 한국(전국), 일본, 중국, 러시아, 유럽까지 분포한다.

만주잎벌레(*Smaragdina mandzhura* Jacobson)는 몸길이 3~4㎜이며 전체적으로 금속성을 띠는 초록색이다. 두부는 광택이 있으며 성기지만 강한 점각이 있다. 앞가슴등판은 광택이 있으며 거칠고 강한 점각이 있다. 딱지날개 점각은 전체적으로 조밀하고 불규칙하다. 어른벌레는 5월 초순에서 7월 초순 사이에 활동한다. 한국(중부, 남부), 일본, 중국, 러시아, 몽골에 분포한다.

밤나무잎벌레

1 산란 직전 행동 **2** 밤나무잎벌레가 개망초를 먹은 흔적

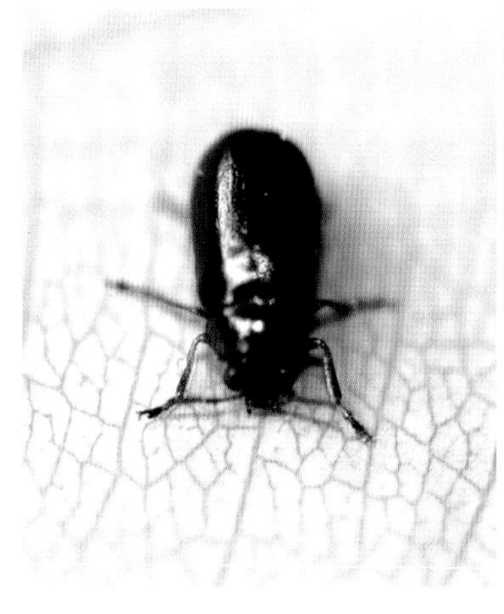

청남색잎벌레

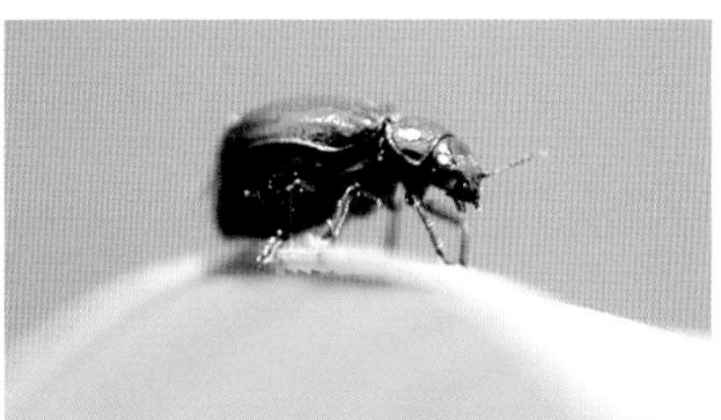

만주잎벌레

반금색잎벌레(*Smaragdina semiaurantiaca* Fairmaire)는 몸길이 5.2~6㎜이며 두부, 시초, 다리는 청록색이지만 앞가슴등판은 갈색이다. 두부는 조밀하고 강한 점각이 있다. 앞가슴등판은 광택이 있으며 엉성하게 점각이 있다. 딱지날개 점각은 전체적으로 조밀하고 불규칙하며 점각 사이에는 미세한 점각이 있고 융기되었다. 5월 초순에서 8월 하순 사이에 어른벌레가 활동하며 참소리쟁이 꽃, 덩굴볼레나무, 버드나무류를 먹는다. 한국(중부, 남부), 일본, 중국 등에 분포한다.

민가슴잎벌레(*Coptocephala orientalis* Baly)는 몸길이 4.5~5.5㎜이며 적갈색이지만 머리, 배는 광택이 있는 흑색이다. 딱지날개 기부와 후방 중앙부에는 흑색 가로 무늬가 있다. 머리는 점각이 없고 광택과 미세한 털이 있다. 앞가슴은 광택이 있으며 미세하고 엉성하게 점각이 있다. 딱지날개 점각은 전체적으로 강하고 불규칙하게 나 있다. 앞다리는 다른 다리에 비해 훨씬 길고 가늘다. 어른벌레는 6월 중순에서 8월 중순 사이에 활동하며 여름에 하천변의 사철쑥 잎에서 발견된다. 한국(북부, 중부, 남부), 일본, 중국, 러시아, 몽골 등에 분포한다.

민가슴잎벌레

반금색잎벌레
뚝새풀에 앉았다.

반금색잎벌레가 먹은 흔적과 배설물

통잎벌레아과

Cryptocephalinae

작고 원통 모양으로 생긴 무리

미기록 통잎벌레

원통 모양으로 생긴 작은 잎벌레들로 애벌레는 주로 땅 위에서 살며 마르고 썩은 식물질을 먹는다. 일부 종은 개미와 공생하기도 한다. 산란할 때 특수한 분비샘에서 나오는 분비물로 마치 작은 찌꺼기나 식물 조각들이 쌓여 있는 것처럼 주변 환경과 유사하도록 정교하게 알집을 짓는다.

• •

통잎벌레아과는 그 이름에서 알 수 있듯이 몸의 앞에서 뒤까지 원통 모양으로 생긴 소형 잎벌레들이다. 전반적으로 앞가슴등판의 넓이는 딱지날개 기부의 폭만큼 넓으며 앞쪽으로 갈수록 점점 가늘어진다. 머리는 목과 같은 틈이 없이 앞가슴 밑에 밀착되어 있어 위에서 보면 잘 보이지 않는다. 이런 생김새를 따라 아과 이름인 'Cryptocephalinae'는 '숨어 있는', '비밀의'라는 뜻인 'Crypto-' 와 '머리의'라는 뜻인 'Cephal-'을 합쳐서 만든 것이다.

다른 잎벌레아과에 비해 상대적으로 더듬이도 짧으며 넓은 이마에 의해 더듬이 기부가 넓게 분리되었다. 통잎벌레아과는 계통분류학적으로 여러 잎벌레아과 가운데 큰가슴잎벌레아과와 가장 유연관계가 깊다. 큰가슴잎벌레아과와 비교하면 통잎벌레아과는 상대적으로 작고 더듬이는 실 모양이다. 큰가슴잎벌레류는 크기가 크고 톱날 또는 빗살 모양의 더듬이가 있다

지금까지 화석 상태로 발견된 통잎벌레아과 가운데 가장 오래된 지층에서 발견된 것은 시조새 발견지로도 유명한 독일 남부 바이에른 지방 졸른호펜의 쥐라기 지층에서 확인된 크립토세팔루스 안티쿠스(*Cryptocephalus antiquus*)이다. 통잎벌레아과는 세계적으로 2,290종 이상

이 알려졌다. 대부분의 종은 신열대구(725)에 분포하며, 구북구(447), 오스트레일리아구(400), 에디오피아구(294), 신북구(216), 동양구(208) 순으로 분포한다. 우리나라에 서식하는 통잎벌레아과는 다른 잎벌레아과에 비해 무늬가 많고 다양하며 색상도 아름답고 화려한 종이 많다. 우리나라에는 통잎벌레속 32종, 좀통잎벌레속 5종 등 2속 37종이 알려졌다.

기주 선택 폭 넓고,
개미와 공생하는 종도 있어

일반적으로 통잎벌레아과는 비록 종 분화가 시작되고 있는 다식자이지만 먹이식물에서 동시에 많은 개체가 발견되지 않는다. 많은 종들이 숨어 살거나 작은 방해에도 바로 땅에 떨어지기 때문에 이들의 먹이습성, 생식과 번식 등 생활사가 거의 알려져 있지 않다. 좀통잎벌레속은 구북구와 신세계에 분포하며 포플러, 버드나무류, 참나무류, 자작나무류, 오리나무류, 개암나무류를 먹는데 특별한 기주를 선호하지는 않는다. 통잎벌레속은 전 세계적으로 방대하게 분포하며 알려진 1,300여 종 가운데 372종(28%)의 먹이식물이 알려졌다. 이 가운데 10종은 부분적이거나 전적으로 침엽수를 먹는다. 나머지는 벼과 식물에서부터 국화과 식물에 이르기까지 매우 넓은 범위의 식물을 먹는다.

어른벌레는 주로 꽃가루를 얻기 위해 국화과, 벼과, 사초과 식물의 꽃을 찾는다. 전북구(Holarctic region)에서는 미모사과, 장미과, 참나무과, 자작나무과, 국화과 등의 식물을 주로 먹이식물로 선호한다. 호주에서는 유카리나무속, 아카시아속을 흔히 먹으며, 아프리카에서는 많은 콩과 식물, 무궁화속의 식물을 먹는다. 아주 예외적으로 일부 종들이 공생하는 경우도 있다. 동부 아프리카 아카시아 턱잎가시속에서 살아가는 통잎벌레 일종(*Isnus petasus*)은 어른벌레시기에 개미 사체, 개미 알, 쓰레기를 먹으면서 꼬리치레개미류(*Crematogaster nigriceps*)로부터 사육되고 보호받는 대신 배설물을 먹이로 제공하면서 공생하는 것으로 알려졌다.

지금까지 통잎벌레아과의 먹이풀로 70여 과의 식물이 알려졌다. 통잎벌레류는 먹이 특이성을 나타내지는 않지만 새로운 잎과 먹이의 적합성에 직접적으로 영향을 받는다. 침엽수와 같은 겉씨식물을 먹는 특수한 경우를 제외하고, 대다수 종들이 자작나무과, 참나무과를 비롯해 국화과 및 이와 관련된 식물을 먹는다. 잎과 줄기를 주로 먹으며, 어린 관목류를 좋아하고 오래된 나무에서도 새로 자란 부분을 더 좋아한다. 어른벌레는 외떡잎식물 가운데 유일하게 벼과, 사초과 식물을 먹이로 선택하며 잎이 아니라 화분과 꽃을 주로 먹는다. 애벌레는 어린 잎을 먹는다. 우리나라에서는 버드나무류, 참나무류, 싸리나무 등이 먹이식물로 알려졌다.

싸리나무 잎을 먹는 북방좀통잎벌레

다른 종(*C. labiatus × C. nitidus*) 사이에 짝짓기가 일어나는 경우도 있다. 산란에 15~30분이 소요되며, 종에 따라 차이가 있지만 낳는 알의 수는 20~300개다. 배아기는 23~35일이며 알로 월동하는 경우는 더 많은 시간이 필요하다. 번데기 기간도 알 단계처럼 기후조건에 따라 다르지만 12~28일이다. 일부 종은 가을이나 9월에 산란해 알 상태로 휴면 또는 월동한다. 미국에서 번데기나 어른벌레로 월동한 사례는 아직 없다. 알에서 어른벌레가 되려면 1년이 필요한 것으로 추정되지만 역시 기후조건에 따라 다르며, 러시아에서는 2년이 걸린다고 한다. 중부 유럽이나 북미지역에서 통잎벌레는 4월에도 출현하지만 주로 5~6월에 활동한다고 알려졌다. 우리나라에서는 5~10월에 출현하지만 역시 5~6월에 많이 출현한다.

애벌레는 특이하게 주로 땅 위에서 살며 일부만 식물 위에서 산다. 대개 보호용 집을 지고 다니는 애벌레는 먹이식물 잎에서 자유로운 생활을 한다. 애벌레들은 부식물질을 먹거나 어른벌레처럼 식물질을 먹기도 한다. 다른 애벌레는 푸른 잎이나 마른 잎을 먹는다. 식물 뿌리 기부 사이에 숨어서 생활하는 종도 있다. 애벌레의 생태도 어른벌레와 마찬가지로 아직까지 잘 알려져 있지 않다. 애벌레는 마르고 썩은 식물질을 찾기 위해 땅 위를 기어 다닌다.

애벌레들은 푸른 잎보다 이런 먹이를 더 선호하는데 이들이 왜 식물의 특별한 부분이나 부패 상태에 있는 넓은 범위의 식물 잔해를 먹는지는 밝혀진 바가 없다. 실험실에서 확인된 먹이 선호를 야생에서 그대로 적용시킬 수는 없지만, 애벌레가 식물의 푸른 잎보다 마른 것을 더 선호하는 것으로 나타났다. 이런 종들이 애벌레의 모든 단계에 식물 잔해물에서 사는지 또는 번데기가 되기 전에 최소한 신선하고 푸

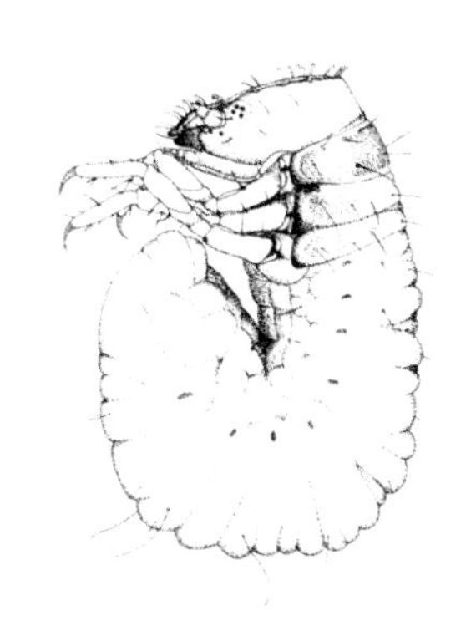

통잎벌레 애벌레

른 식물을 먹는지는 알 수 없다.

애벌레는 연한 오렌지색, 흰색 또는 황색이다. 머리에는 광택이 있으며 정수리, 입술, 큰턱에는 센털이 없다. 더듬이 각 마디에는 작은 돌기가 2~4개 있으며 몸 윗면과 측면에 센털이 있다. 다리는 광택이 나고, 7~8번째 배마디 옆면에는 키틴질로 된 이빨처럼 생긴 돌기가 있다. 종에 따라 1~6, 1~7, 1~8번째 배마디에 숨구멍이 있다. 꼬리돌기는 없거나 쌍으로 되었으며 길고 넓게 나 있다. 배설물과 분비물로 입구를 막은 애벌레 집에서 번데기가 된다.

좀통잎벌레속 일부 종의 애벌레는 식물에 기어 올라가지도 않으며 푸른 잎을 먹지 않는 것으로 알려졌다. 한편 통잎벌레속 일부 종은 3령기 애벌레 시절에 식물에 올라가기는 하지만 푸른 잎을 먹는지는 확인되지 않았다. 크립토세팔루스 피니(*Cryptocephalus pini*) 애벌레는 겉씨식물의 마른 잎에서 산다. 그러나 탈피하기 전에 바위 위에서 자라는 양치류, 균류 등 은화식물의 신선한 녹색 부분을 먹는다. 일부 종들은 식물의 녹색 잎을 먹는다. 자유생활을 하는 애벌레와 달리 개미집에서 개미와 공생하는 종은 육식성이다. 개미가 사냥해 온 먹이 잔해나 개미 번데기 피부를 조금씩 먹거나 개미 사체를 먹는다. 실험실에서 이들은 고기와 거저리 곤충의 작은 조각을 먹었다. 이런 애벌레들의 육식성 행동이 공생 또는 기생관계인지에 대해서는 논란이 있다. 점줄박이잎벌레(*Cryptocephalus fulvus*)는 영국에서 풀개미(*Lasius fuliginosus*)와 공생하는 것으로 알려졌다.

똥으로 위장 잘 해

통잎벌레류는 배설물로 알을 싸서 포식자의 공격으로부터 보호하는데, 단순하게 알을 덮는 것이 아니라 특수한 분비샘에서 나오는 분비물로 마치 작은 찌꺼기나 식물 조각들이 쌓여 있는 것처럼 주변 환경과 유사하도록 정교하게 알집을 짓는다. 알집은 갈고리, 지붕, 이빨 같은 모양의 돌기들이 나선형의 열을 이룬 형태가 대부분이며, 배설물처럼 약간 볼록하고 납작한 판 또는 세로로 돌출된 모양의 알집도 있다.

애벌레는 자신의 배설물을 사용해서 훨씬 정교하게 집을 짓는다. 집의 모양은 대체적으로 U자 형태의 주머니 모양이 대부분이며 표면에는 강한 돌기나 골이 있다. 애벌레가 성장함에 따라 배 샘에서 나오는 접착성 물질과 배설물을 입으로 혼합해 집을 크게 짓는다. 이런 분비물에는 독성이 있다. 애벌레는 집 안에서 입과 항문이 입구 쪽으로 향하게 한 V자 모양으로 매우 심하게 굽은 상태로 살아간다. 따라서 항문에서 나오는 배설물을 큰 어려움 없이 입으로 물어 바깥으로 버릴 수 있다. 그리고 개미나 천적의 위협이 있으면 몸을 최대한 웅크리고 딱딱한 머리로 입구를 막아버린다. 납작한 정수리와 측면에 나 있는 돌기는 딱 맞는 마개 역할을 한다.

애벌레가 지고 다니는 집은 서식지 환경과 비슷해 천적의 눈을 속일 수 있으며 일부 종의 애벌레 집은 먹이식물의 새싹과 매우 흡사한 경우도 있다. 보통 3~5령을 마친 마지막 애벌레는 애벌레 집 입구를 막고 땅에 있는 식물 잎 잔해나 돌 밑 또는 수 센티미터 땅 속의 집에서 번데기가 된다. 일부 종은 나무로 기어 올라가서 줄기, 가지, 잎에서 번데기가 되기도 한다. 개미와 공생하는 종은 개미집 가운데에 있는 나무 그루터기의 매끈한 곳에서 번데기가 된다. 산란은 땅에 떨어진 낙엽에 한다. 어른벌레가 천적을 피할 때는 큰 앞다리를 이용해 튀어 오른다.

천적으로는 알에 기생하는 좀벌, 애벌레에 기생하는 금좀벌, 깡충좀벌, 고치벌, 맵시벌, 개미벌, 번데기에 기생하는 맵시벌, 어른벌레를 포식하는 파리매와 기생하는 자낭균류 등이 있다. 외국에서는 주로 감귤류, 목화, 포도, 크랜베리 등에 피해를 준다. 브라질에서는 개쑥갓 잡초의 생물학적 방제를 위해 애벌레를 이용하고 있다.

우리나라 통잎벌레류

북방좀통잎벌레(*Pachybrachis distictopygus* Jacobson)는 몸길이 3~3.5㎜이고, 전반적으로 황갈색을 띠며 불규칙한 검은 무늬가 있다. 머리는 흑색이며 겹눈 사이에 황갈색 무늬가 있다. 앞가슴등판은 적색을 띤 노란색으로 검은 무늬 5개가 서로 연결되었으며 점각이 매우 강하게 나 있다. 딱지날개에는 흑색 세로 줄무늬가 불규칙하게 나 있다. 점각은 부분적으로 규칙적인 열을 이루며 점각 열과 열 사이는 강하게 솟아올라 있다. 어른벌레는 5~6월에 출현하며 싸리나무 잎을 먹는 것이 확인되었다. 한국(남부), 몽골, 러시아 등에 분포한다.

닮은북방통잎벌레(*Cryptocephalus approximatus* Baly)는 몸길이 3~4.5㎜이고, 전체적으로는 청색이며 윗면은 초록빛 또는 푸른빛이 도는 자색이다. 앞가슴등판과 가장자리 모두 청색이다. 딱지날개도 전반적으로 청색이며 불규칙하게 점각이 나 있다. 배는 푸른색이 있는 흑색이다. 어른벌레는 5~8월에 출현하며 호장근, 등나무꽃, 찔레꽃, 싸리나무 등이 먹이식물로 알려졌다. 한국(전국), 일본 등에 분포한다.

어깨두점박이잎벌레(*Cryptocephalus bipuncatatus cautus* Weise)는 몸길이 4~6㎜이며 머리, 앞가슴등판은 흑색이다. 딱지날개는 밝은 황갈색이나 어깨, 기부 가장자리, 딱지날개가 서로 만나는 봉합선은 흑색이다. 딱지날개 어깨 부근에 검은 무늬가 없는 경우도 있다. 머리에는 점각이 나 있고 중앙부는 오목하다. 앞가슴등판은 점각이 없고 매끈하다. 딱지날개의 점각은 11줄이며 부분적으로 불규칙한 경우도 있다. 어른벌레는 6~7월에 출현한다. 한국(전국), 중국, 러시아, 유럽 등에 분포한다.

북한잎벌레(*Cryptocephalus confusus* Suffrian)는 몸길이 2.3~3.4㎜이며 전체적으로 흑청색이지만 머리, 더듬이, 앞가슴등판 앞 가장자리는 황색을 띠는 갈색이다. 머리에는 점각이 성기게 나 있다. 앞가슴등판에는 강하고 조밀하게 점각이 나 있다. 딱지날개에는 점각이 규칙적으로 있고 점각 열 사이는 매끈하다. 어른벌레는 5~7월에 먹이식물인 졸참나무 잎에서 발견된다. 한국(전국), 일본, 중국, 러시아, 몽골 등에 분포한다.

소요산잎벌레(*Cryptocephalus fortunatus* Baly)는 몸길이 3.5~4.5㎜이고, 전체적으로 어두운 초록색이 있는 청색이며 다리는 황갈색이다. 머리와 앞가슴등판에는 점각이 미세하게 나 있다. 딱지날개의 점각은 강하고 조밀하며 불규칙하다. 어른벌레는 5~8월에 출현한다. 한국(중부, 남부), 일본 등에 분포한다.

점줄박이잎벌레(*Cryptocephalus fulvus* Goeze)는 몸길이 2~2.5㎜이고 전체적으로 어두운 적갈색이다. 앞가슴등판은 전적으로 황색을 띠는 갈색에 불분명한 무늬가 있거나 없는 경우도 있으며 기부 가장자리에는 검은 무늬가 있다. 딱지날개가 서로 만나는 부분은 흑색이다. 머리에는 점각이 성기게 나 있지만 앞가슴등판의 점각은 미세하다. 딱지날개의 점각은 11줄로 규칙적이며 점각 열 사이에도 미세한 점각이 있다.

북방좀통잎벌레

북한잎벌레

소요산잎벌레

어른벌레는 6~8월에 출현한다. 한국(북부, 중부, 남부), 일본, 중국, 러시아, 유럽 등에 분포한다.

팔점박이잎벌레(*Cryptocephalus japanus* Baly)는 몸길이 7~8.2㎜로 우리나라 통잎벌레 가운데 가장 크다. 딱지날개는 밝은 황갈색이며 어깨 부근에 둥근 검은 점이 있으나 없는 경우도 있다. 머리는 흑색이다. 앞가슴등판에는 검은 줄무늬 한 쌍이 넓게 세로로 나 있다. 머리의 점각은 조밀하고 강하며 앞가슴등판의 점각 역시 조밀하다. 딱지날개의 점각은 불규칙하게 나 있다. 수컷 배에는 돌출된 돌기가 한 쌍 있으나 암컷에게는 없다. 어른벌레는 5~7월에 출현하며 각종 식물의 잎에서 발견된다. 애벌레는 떡갈나무, 졸참나무, 밤나무, 호장근 잎을 먹는다. 한국(중부, 남부), 일본, 중국, 러시아 등에 분포한다.

콜체잎벌레(*Cryptocephalus koltzei* Weise)는 몸길이 4~5.2㎜이고 전체적으로 흑색이며 딱지날개에는 둥근 황색 무늬가 6개 있다. 앞가슴등판의 앞과 옆 가장자리는 황색이다. 머리에는 조밀하게 점각이 나 있고 털이 있다. 앞가슴등판에는 점각이 강하게 나 있고 흰 털로 덮여 있다. 딱지날개에는 불규칙하게 점각이 있고 미세한 털이 덮여 있다. 어른벌레는 5~7월에 쑥 등 초본류에서 발견된다. 한국(전국), 중국, 러시아에 분포하는 대륙종이다.

외줄통잎벌레(*Cryptocephalus nigrofasciatus* Jacoby)는 몸길이 2~3㎜이고 전체적으로 황갈색이며 앞가슴등판은 적갈색이다. 딱지날개에 V자 모양의 넓고 검은 세로 줄무늬가 있는데 불분명하거나 없는 경우도 있다. 머리에는 점각과 털이 있고 앞가슴등판에는 강한 점각과 약한 점각들이 있다. 딱지날개의 점각은 규칙적이다. 어른벌레는 5~7월에 저지대 및 산지 낮은 곳에서 발견된다. 먹이식물은 버드나무류, 잡싸리,

팔점박이잎벌레

팔점박이잎벌레 수컷. 배 끝마디에 돌기가 보인다.

콜체잎벌레

콜체잎벌레 옆모습

개암나무다. 한국(전국), 일본, 중국 등에 분포한다.

닮은외줄통잎벌레(*Cryptocephalus sagamensis* Tomov)는 몸길이 2~3㎜이고 전체적으로 황갈색이며 딱지날개에 불분명한 암갈색의 넓은 무늬가 세로로 있다. 머리에는 거칠고 성긴 점각이 나 있고 앞가슴등판에는 매우 깊은 점각이 있다. 딱지날개의 점각은 강하고 불규칙적이며 점각 사이는 솟아올라 있다. 어른벌레는 5~10월에 버드나무류에서 발견된다. 한국(북부, 중부, 남부) 특산종이다.

세메노브잎벌레(*Cryptocephalus semenovi* Weise)는 몸길이 3.2~4.2㎜이고 전체적으로 흑색이며 딱지날개에는 넓은 황갈색 줄무늬가 기부부터 날개 끝까지 나 있다. 머리에는 거칠게 점각이 있고 앞가슴등판에는 강하고 조밀하게 점각들이 있다. 딱지날개에는 강하고 불규칙적으로 점각이 나 있고 털로 덮여 있다. 어른벌레는 6~9월에 출현한다. 한국(전국), 일본, 중국, 러시아 등에 분포한다.

육점통잎벌레(*Cryptocephalus sexpunctatus* Linne)는 몸길이 5~6㎜이고 전체적으로 황갈색이며 앞가슴등판은 앞과 옆 가장자리를 제외하고 흑색이다. 딱지날개에는 둥글고 검은 무늬가 기부에 4개, 끝에 2개씩 있다. 머리에는 거칠고 강한 점각이 있고 딱지날개에는 강한 점각이 불규칙하게 나 있다. 수컷의 마지막 배마디에는 넓은 홈이 있고 홈 가운데에 삼각형 돌기가 있다. 어른벌레는 5~6월에 출현한다. 한국(중부, 제주도), 일본, 중국, 러시아, 유럽에 분포한다.

십사점통잎벌레(*Cryptocephalus tetradecaspilotus* Baly)는 몸길이 3.7~5.2㎜이고 전반적으로 황갈색이다. 앞가슴등판에는 둥글고 검은 무늬가 있고 딱지날개에는 검은 무늬가 10개 있다. 머리와 앞가슴등판에는 점각이 나 있으며 딱지날개에는 불규칙하게 점각이 나 있다. 어른벌레는

세메노브잎벌레

육점통잎벌레

7~8월에 습지의 진퍼리까치수영에서 주로 보이며 산지에서도 발견된다. 7~8월에 산란하며, 애벌레는 큰까치수영, 진퍼리까치수영, 싸리류의 잎이나 낙엽을 먹고 다음해 6월 중순에 우화한다. 한국(중부, 남부), 일본, 중국 등에 분포한다.

네점통잎벌레(신칭)(*Cryptocephalus nobilis* Kraatz, 1879)는 몸길이 4.8~6.4㎜이며 전반적으로 흑색이다. 더듬이 기부에서 4~5마디까지는 황색이다. 딱지날개 중앙 앞부분과 끝부분에 큰 황색 무늬가 횡으로 4개 있으며 서로 붙지는 않는다. 소순판, 다리, 머리는 흑색이다. 몸 아랫면도 모두 흑색이다. 딱지날개 점각은 강하고 앞가슴등판은 약하게 나 있다. 앞가슴등판의 옆 경계지역은 좁다. 수컷의 생식기는 아랫면 형태는 끝으로 길고 가늘게 2개로 분지되었으며 내측으로 완만하게 굽었다. 측면 형태는 비교적 가늘며 가운데서 아랫면 쪽으로 굽었고 끝부분은 길고 가늘게 신장되었다. 한국(미기록), 러시아(아무르, 우수리), 일본 등에 분포한다.

설악산, 1개체, 1973, VI, 24, 이승모; 태백산, 1개체, 1983, VI. 18, 이승모; 오대산, 1개체, 1989, VI. 4, 안승락; 지리산, 1개체, 2002, VI. 8, 권용정

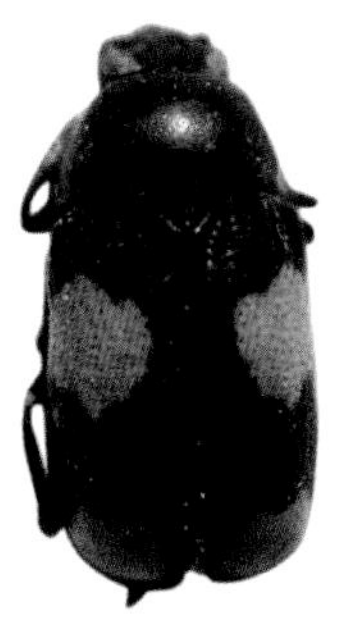

네점통잎벌레

금강산잎벌레

등줄잎벌레

혹잎벌레아과
Chlamisinae

곤충의 배설물과 비슷하게 생긴 무리

전 세계에 360여 종, 우리나라에는 3종만 보고된 작은 무리다. 어른벌레와 애벌레가 곤충의 배설물 같이 보여 천적의 눈을 피한다. 어른벌레는 대체로 흑색이며 몸에 돌기가 많고, 애벌레는 위장한 집을 갖고 다니며 자유생활을 한다.

혹잎벌레아과는 흑색에 마치 온 몸에 혹이 있는 것처럼 다양한 형태의 돌기물이 많다. 잡히거나 방해를 받으면 죽은 듯이 꼼작하지 않아 전문가도 마치 곤충의 검은 배설물로 착각할 수 있다. 날개가 있지만 거의 날지 않으며 딱지날개를 접었을 때 날개와 날개가 서로 꼭 맞물려 있다. 블루베리의 줄기나 열매, 식물 껍질, 이끼나 지의류를 먹는 종도 있지만 일반적으로 식물의 잎을 먹는다. 종에 따라 나뭇잎, 관목류, 초본류를 먹는다.

어른벌레는 애벌레가 아주 뛰어난 위장을 하는 것처럼 식물 씨앗이나 곤충 배설물처럼 보이게 모방하고 있다. 애벌레는 집을 갖고 다니며 자유생활을 한다. 애벌레 집은 큰 곤충의 애벌레나 배설물과 유사해 애벌레를 개미와 같은 천적으로부터 잘 보호할 수 있다. 어른벌레는 딱딱한 외피나 독성 또는 머리를 움츠려 가슴 밑으로 넣고 배 홈으로 다리를 움츠려 넣어 자신을 보호한다. 이외에도 재빠른 비행, 반사적인 낙하로 자신을 보호한다.

혹잎벌레속은 유럽에서는 아직 기록이 없으며 미국에서는 단풍딸기가 먹이식물이다. 일반적으로 33과의 식물이 알려졌으며 온대지역에서는 자작나무과, 참나무과, 개암나무과, 진달래과, 차나무과 식물이 이들의 주요 먹이식물이다. 전 세계적으로 약 360종이 보고되었고 우리나라에는 3종이 알려졌다. 번데기는 백색이고 머리는 광택이 있다. 몸 윗면과 옆면에 센털이 성기게 있다. 다리는 광택이 있다. 7번째 배마디는 원추형이거나 손바닥 모양의 옆돌기가 있으나 꼬리돌기는 없다. 1~6번째 배마디에 숨구멍이 있다. 애벌레 항문에서 나오는 물질로 밀봉된 애벌레 집에서 번데기가 된다.

우리나라 혹잎벌레류

혹잎벌레(*Chlamisus spilotus* Baly)는 몸길이 2.7~3.5㎜이며 장방형이다. 흑색이나 암갈색 작은 반문이 불규칙하게 있다. 머리는 검은 무늬가 있는 적갈색이다. 다리는 황갈색이나 아랫면, 넓적다리마디 끝, 종아리마디 끝, 기부, 중앙은 흑색이다. 머리는 벌집 모양처럼 거칠고 강하게 점각이 있다. 더듬이는 가슴 기부 절반에 이르며 매우 납작하다. 앞가슴등판은 크게 팽대되었고 매우 강하고 조밀하게 점각이 있다. 중앙은 불균일하게 볼록하며, 불규칙하고 다양한 크기의 돌기들이 있다. 딱지날개는 장방형이며 어깨 부근이 가장 넓으며 시초봉합선은 이빨 같고, 불규칙한 돌기들이 있으나 앞가슴등판의 것들보다는 작다. 다리는 길쭉하며 경절은 약간 휘었고 부절발톱에는 부속물이 있다. 먹이식물은 졸참나무, 벚나무 등이다. 월동 어른벌레는 4월 초순에 나타나며 하순에는 산란을 시작한다. 어른벌레는 9월 초순까지 관찰된다. 한국(중부, 제주도), 일본, 중국에 분포한다.

애혹잎벌레(*Chlamisus diminutus* Gressitt)는 몸길이 2.2~2.8㎜이며 윗면이나 아랫면 모두 흑색이나 다리는 암갈색이다. 머리에는 거칠고 강하게 점각이 나 있다. 앞가슴등판에는 매우 강하고 조밀하게 점각이 있고 후방에 있는 돌기들은 측방으로 예리하게 돌출되었다. 딱지날개는 강한 점각, 불규칙한 돌기, 뭉툭한 돌기들이 있다. 항문 부위에는 격리된 함몰부가 4개 있다. 어른벌레는 5월 초순에서 9월 하순까지 관찰된다. 한국(중부, 남부), 일본, 중국 등에 분포한다.

두꺼비잎벌레(*Chlamisus pubiceps* Chujo)는 몸길이 2.5~3㎜이며 윗면이나 아랫면 모두 흑색이지만 다리는 황갈색이면서 바깥 부분은 암갈색이다. 머리에는 거칠고 강한 점각이 있으며 은색 털이 있다. 앞가슴등판에는 매우 강하고 조밀하게 점각이 있고 앞 부근에 은색 털이 있다. 중앙은 불균일하게 볼록하며, 불규칙하고 다양한 크기의 돌기들이 있다. 딱지날개에도 불규칙한 돌기들이 있으며 점각에는 털이 있다. 우리나라에서 혹잎벌레 가운데 가장 흔한 종으로 5월 하순에서 8월 초순에 어른벌레를 볼 수 있다. 한국(중부, 남부), 중국 등에 분포한다.

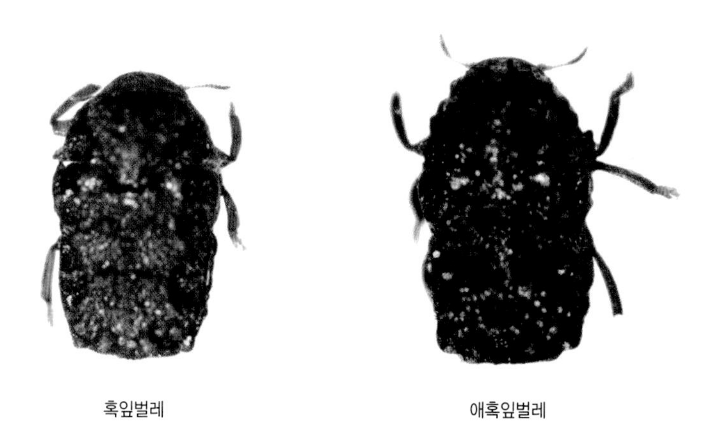

혹잎벌레 애혹잎벌레

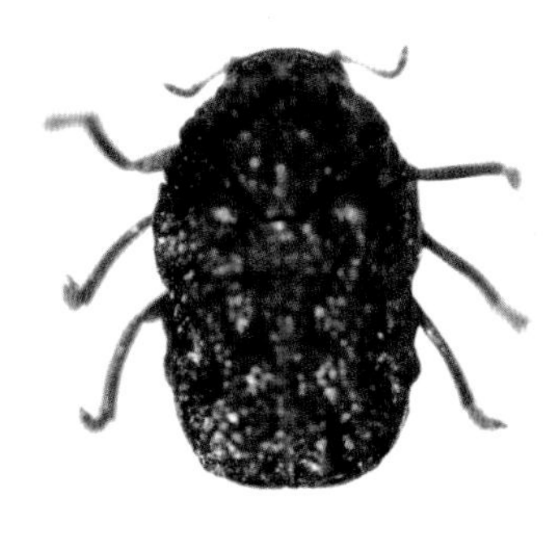

두꺼비잎벌레

반짝잎벌레아과

Lamprosomatinae

등이 매끈하고 반짝이는 무리

전 세계적으로 약 190종이 보고된 매우 작은 아과이며 우리나라에는 2종이 알려졌다. 어른벌레는 상당히 작고 등은 매우 매끈하고 볼록하며 이름처럼 광택이 있다. 애벌레는 집을 갖고 다니며 자유생활을 한다.

두릅나무잎벌레

배설물로 싸인 알

반짝잎벌레아과는 다소 다식자이지만 어른벌레는 두릅나무과를 먹는다. 주로 식물 부식물과 잎, 줄기, 나무껍질도 먹는다. 애벌레는 은밀하게 밤에 활동하기 때문에 생태가 거의 알려진 바 없다. 갑충류에서 매우 드물게 애벌레 단계로 월동하지만 애벌레가 집을 갖고 있는 경우는 흔하다.

봄에 번데기가 된다. 번데기는 크림 계통의 백색이고, 머리, 몸의 등, 옆면, 배에 센털이 성기게 있다. 다리는 광택이 있다. 꼬리돌기는 쌍으로 되었으며 원추형이다. 7번째 배마디에는 원추형이거나 손바닥 모양의 측돌기가 있다. 1~7번째 배마디에 숨구멍이 있으며 일곱째 숨구멍은 퇴화되었다. 애벌레집에서 번데기가 된다.

우리나라 반짝잎벌레류

두릅나무잎벌레(*Oomorphoides cupreatus* Baly)는 몸길이 2.8~3.3㎜이며 달걀 모양이다. 전체적으로 구릿빛 또는 청색이고, 더듬이는 흑색이다. 머리에는 미세하고 성기게 점각이 있고 세로로 홈이 있다. 앞가슴은 폭이 매우 넓으며 점각들은 딱지날개의 것보다 작고 조밀하다. 딱지날개는 부분적으로 분명하게 1줄로 된 점각들이 있다. 발톱에는 작은 돌기물이 있다. 3월 말에 두릅나무 잎에서 발견되며, 4월 하순에서 5월 중 · 하순에 걸쳐 산란한다. 알은 배설물로 싸인 상태로 종 모양을 하고 있으며, 가늘고 긴 실로 잎에 거꾸로 매달려 있다. 부화한 애벌레는 집 속에서 생활한다. 어른벌레는 3~6월, 8~10월 초순까지 활동한다. 먹이식물은 두릅나무, 음나무, 송악이다. 한국(북부, 중부, 남부), 일본에 분포한다.

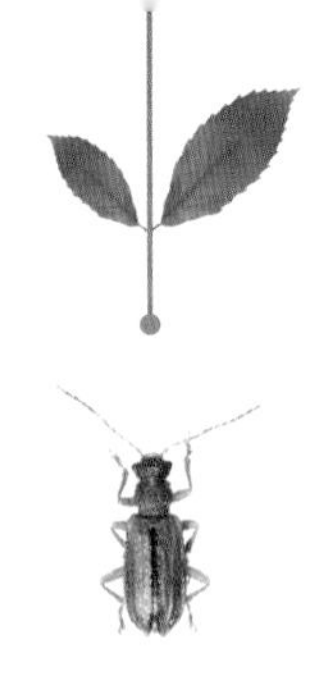

톱가슴잎벌레아과

Synetinae

가슴 옆에 톱날 같은 돌기가 있는 무리

톱가슴잎벌레는 가슴 옆 가장자리에 마치 톱날 같은 크고 작은 돌기들이 있다. 우리나라에는 1속 1종이 알려졌다. 애벌레들은 땅속에서 생활하며 식물 뿌리를 먹는다.

톱가슴잎벌레속은 전북구에 분포하지만 주로 추운 지역에 서식한다. 우리나라에는 1속 1종이 알려졌다. 외부형태만큼 날개의 맥은 정상이 아니다. 초기에 계통발생학적으로 꼽추잎벌레아과와 유연관계가 밀접하다고 보았으나 시맥, 생식기 등에서 매우 차이가 많아 지금은 독립된 위치에 있다. 암컷은 알에 대한 특별한 보호도 없이 지면에 알을 무작위로 낳으며 이 알들은 2~3주 후면 부화된다. 다식자로 먹이 선택은 비교적 넓으며 애벌레는 땅속에 살면서 뿌리나 작은 뿌리를 갉아 먹는다.

북쪽 추운 산림에서 우점종이라는 것은 나자식물과 쌍떡잎식물에 사는 생태형의 하나라는 것을 보여준다. 미국, 캐나다, 유럽에서는 고도가 높은 곳에 서식한다. 극동지역에서는 매우 넓게 분포한다. 미국에서는 복숭아, 살구, 배, 체리, 블랙베리 등 과수의 해충이다. 따라서 과일나무 뿌리 주변을 파면 애벌레를 채집할 수 있다. 열대지역에서는 나자식물인 소나무과, 쌍떡잎식물인 박달나무과, 버드나무과, 참나무과, 장미과, 단풍나무과 등을 먹는다. 먹이 선택은 비교적 넓지만 주로 나자식물 및 박달나무과를 선택한다.

번데기는 백색이고, 머리, 몸 윗면과 옆면, 배, 다리에 센털이 있다. 더듬이 각 마디에는 작은 돌기가 3~4개 있고, 넓적다리마디 끝에는 센털이 2개 있다. 1~7번째 배마디에 숨구멍이 있으나 일곱째 기문은 퇴화되었다. 꼬리돌기는 쌍으로 되었으며 끝 절반은 각질로 되었다. 9번째 배마디 끝에 쌍으로 된 돌기가 있으며 각각 센털이 4개씩 있다. 토양 속에서 번데기가 된다.

우리나라 톱가슴잎벌레류

톱가슴잎벌레(*Syneta adamsi* Baly)는 몸길이 4.5~7.5㎜이며 일반적으로 담색에서 황갈색에 이르기까지 변이가 다양하다. 정수리에는 매우 강한 점각이 있고 주름도 있다. 앞가슴 폭은 길이보다 약간 넓으며 매우 강한 점각들과 긴 털이 있다. 측면은 중앙부에 한 개 내지 여러 개의 가시 같은 돌기가 강하게 나 있다. 딱지날개는 강한 점각들이 규칙적으로 나 있고 털이 있다. 날개 옆 부근에는 굵은 융기선이 있다. 어른벌레는 5월 중순에서 7월 말까지 활동하며 먹이식물은 자작나무속이다. 한국(북부, 중부, 남부), 일본, 중국, 러시아 등에 분포한다.

톱가슴잎벌레 가슴

톱가슴잎벌레

톱가슴잎벌레 서식처 자작나무 군락

꼽추잎벌레아과

Eumolpinae

몸통이 다부지고 등이 볼록한 무리

금록색잎벌레

매우 볼록한 장타원형이며, 다양한 식물을 먹지만 개미와 공생하는 종도 있다. 애벌레는 알에서 부화되자마자 바로 땅속으로 파고들어가 식물 뿌리를 먹으며 지낸다. 여러 종의 애벌레들이 뿌리에서 덩이줄기로 이동하며 감자나 고구마에 피해를 주기도 한다. 위협을 느끼면 죽은체하는 종도 있다.

• •

일반적으로 꼽추잎벌레아과는 매우 볼록한 장타원형이며 다른 잎벌레아과보다는 단단해 강인한 느낌을 주어 '꼽추'란 이름이 붙었다. 세 번째 발목마디는 깊게 분리되었으며 많은 종들이 날개가 없거나 매우 짧은 단시형이다. 열대에 서식하는 종들을 제외하면 나는 것이 서툴거나 거의 날지 않는다. 많은 종들이 초록색, 푸른색, 자주색, 금속성 등 화려한 색깔을 띤다.

여러 잎벌레 아과 중 무척 많은 종이 포함된 큰 아과이며, 계통학적으로 톱가슴잎벌레아과 및 Megascelidinae와 가깝다. 지금까지 발견된 꼽추잎벌레아과 화석 가운데 가장 오래된 것은 카자흐스탄 쥐라기 지층에서 나온 것이다. 전 세계적으로 분포하며 아메리카 열대지역에서 가장 많은 종수가 확인되고 있다. 우리나라의 꼽추잎벌레들은 2~13㎜로 크기가 다양하지만 대부분이 5㎜ 내외로 잎벌레 가운데서는 중형에 속한다. 우리나라에서는 지금까지 19속 25종이 알려졌고, 세계적으로는 437속 3,500여 종이 알려졌다.

다양한 식물을 먹지만 개미와 공생하기도

이 가운데 32%에 해당하는 약 140속의 먹이식물이 알려졌으며, 그중 54.6%가 다식성이고 26.9%가 소식성이며 나머지 18.5%는 먹이식물이 확실하지 않다. 현재 알려진 116개 과의 먹이식물 가운데 쌍떡잎식물이 97과, 외떡잎식물이 15과, 겉씨식물이 4과이다. 가장 대표적인 꼽추잎벌레아과의 먹이식물은 포도과, 메꽃과, 대극과, 아욱과, 장미과, 꼭두서니과, 벽오동과 등이다. 아직 아프리카, 인도네시아, 말레이시아, 오스트레일리아, 솔로몬제도 등에서의 먹이식물에 대한 연구는 부족해 정보 역시 부족한 실정이다.

대다수 꼽추잎벌레아과는 다식자로, 과일, 곡물, 꽃들을 먹이로 한다. 따라서 다른 대륙에서 도입된 코코아, 차, 커피, 포도, 바나나 등 농작물에 쉽게 적응한다. 한편 십자화과 채소에 많은 향기 성분인 시니그린이나 겨자유는 기피하지만 아주 예외적으로 양배추와 관련된 식물은 좋아한다. 일부 종들은 산형과나 오이과 식물을 먹는다. 온대지역의 많은 꼽추잎벌레아과들은 기주를 선택하거나 2차 적응을 통해 배, 사과, 복숭아, 자두, 체리 등 과수에 피해를 끼친다. 열대지역에서는 망고, 여지, 번려지, 아보카도, 바나나, 구아바 등의 해충이다. 딸기, 파인애플, 나무딸기 해충이기도 하다. 많은 종이 알파파, 땅콩, 아카시아, 콩과식물, 감귤나무, 감자, 가지, 수많은 야생 또는 재배 벼과(벼, 옥수수, 사탕수수, 수수)와 사초과를 먹는다. 어른벌레는 잎이나 열매에 심각한 피해를 미치며 애벌레는 뿌리에 피해를 준다. 포도에 피해를 주는 종도 많다.

아시아의 애꼽추잎벌레속은 전적으로 다식자이지만 우리나라, 중

1 금록색잎벌레가 쑥을 먹은 흔적 **2** 중국청람색잎벌레에게 피해를 입은 박주가리

국, 일본, 베트남의 애꼽추잎벌레속 종들은 나무딸기속의 식물을 먹으며 어른벌레 시기는 단식성이다. 큰꼽추잎벌레속은 땅 위에 산란한다. 애벌레는 먹이식물 뿌리 20㎝ 깊이에 서식하며, 고구마 덩이줄기에서도 발견된다. 번데기 과정은 땅속에서 일어나며 어른벌레는 용담류 식물에 살지만 메꽃 잎에도 서식한다. 꼽추잎벌레속은 면화의 해충이다. 이마줄꼽추잎벌레속은 먹는 식물의 범위가 비교적 좁은 편이며 모든 종들이 포도과의 식물을 먹는다.

일부 종들은 어른벌레 단계에서 개미와 공생하는 것으로 알려졌다. 동부 아프리카 아카시아 턱잎가시속에서 살아가는 종(*Syagrus ortebiensis*)은 어른벌레나 애벌레 단계에서 모두 개미의 사체, 알, 배설물을 먹는다. 일부 속들은 꼬리치레개미류(*Crematogaster*)들이 핥아 먹을 수 있는 돌기 모양의 분비 털에서 분비물을 제공하고 대신 개미로부터 보호를 받는다. 어른벌레는 잎이나 먹이식물 줄기에도 산란하지만 토양 틈이나 지표면에 알을 낳는다. 애벌레는 알에서 부화되자마자 바로 땅속으로 파고들어 간다.

땅속에서 식물 뿌리를 먹고 사는 애벌레

꼽추잎벌레 애벌레는 홑눈이 없으며 전반적으로 흰색 또는 갈색이다. 애벌레들은 족(Tribe) 간에는 강모나 돌기에 차이가 있지만 같은 족 내에서는 형태적 차이가 없다. 땅을 파는 데 적합하도록 이마의 앞부분이 현저하게 각질화 되었고 두꺼우며 턱이 강하게 발달하고 적응되었다. 애벌레들도 전체적으로 다식자들이다. 모든 꼽추잎벌레아과의 애벌레는 토양 속에서 식물 뿌리를 먹는 것으로 관찰되었는데 어른벌레는 먹이식물의 뿌리를 먹거나 다른 식물의 뿌리를 먹는다. 대부분 집단으로 서식하며 뿌리를 먹고 박피는 버린다. 먹은 흔적이 매우 깊어 애벌레들이 숨어 살기에 충분하다. 피해 증상은 풍뎅이나 바구미 애벌레에 의한 것과 매우 흡사하다.

여러 종의 애벌레들이 뿌리에서 덩이줄기로 이동하며 감자나 고구마에 피해를 주기도 한다. 번데기의 색깔은 흰색 또는 크림색을 띤 백색이다. 머리, 몸 윗면과 옆면에는 센털이 있다. 더듬이 각 마디에는 작은 돌기가 2~3개 있다. 배 끝부분에 돌기가 1쌍 있는데 안쪽으로 굽었으며 간혹 퇴화한 경우도 있다. 땅속의 흙으로 만든 방 안에서 번데기가 된다.

방어 전략과 천적

경기잎벌레, 흰가루털꼽추잎벌레속은 배설물로 알을 싸서 포식자의 공격으로부터 자신을 보호한다. 많은 꼽추잎벌레아과 어른벌레는 방어효과가 있는 밝은 경계색이나 경고색을 띠며, 이것은 그들의 먹이식물의 독성 성분과 관련 있다. 큰꼽추잎벌레속, 금록색꼽추잎벌레속,

주홍꼽추잎벌레속, 털꼽추잎벌레속, 고구마잎벌레속 등은 초록색, 붉은색, 청색, 자주색 등 독소에 의해 가장 밝은 색을 띠어 보호 효과가 뛰어나다.

다른 종들은 검은색을 띠거나 몸에 흰 센털이 있어 천적으로부터 자신을 지킬 수 있다. 아시아 산딸기속 식물에 서식하는 애꼽추잎벌레속은 작아서 심각한 포식자도 없지만 아주 미세한 방해나 접근에도 죽은 체하고 꼼짝하지 않는다. 고구마잎벌레와 중국청람색잎벌레도 위협을 받으면 같은 행동을 한다. 꼽추잎벌레아과류의 출혈은 잎벌레아과나 벼룩잎벌레아과처럼 독성이 있지만 반사적인 출혈은 매우 드물다.

천적으로 알에 기생하는 알벌, 납작먹좀벌, 어른벌레에 기생하는 고치벌, 기생파리 등이 있다. 기생자로 응애, 자낭균 등이 있으며, 포식자로 거미, 먼지벌레, 침노린재류 등이 있다.

1 거미줄에 희생당한 포도꼽추잎벌레 **2** 위협받았을 때 죽은체하는 중국청람색잎벌레

우리나라 꼽추잎벌레류

금록색잎벌레(*Basilepta fulvipes* Motschulsky)는 몸길이 3~4.5㎜로 볼록한 장타원형이다. 머리, 앞가슴등판, 딱지날개는 초록, 청색, 동색, 갈색, 적색 등 다양한 색의 조합으로 되었다. 다리는 적갈색이나 거무스름한 색에서부터 흑색에 이른다. 머리에는 강하고 조밀한 점각이 있다. 우리나라에서는 쑥에서 어른벌레를 관찰할 수 있다. 6~8월에 어른벌레가 출현하며, 8월 초순경에 낳은 알은 약 2주쯤 지나 부화한다. 연 1회 발생하며 애벌레 상태로 월동하는 것으로 추정된다. 한국(전국), 러시아, 몽골, 중국, 타이완, 일본에 분포한다.

점박이이마애꼽추잎벌레(*Basilepta punctifrons* An)는 몸길이 약 4㎜로 약간 볼록한 장타원형이다. 윗면의 색깔은 전체적으로 갈색 또는 적갈색이다. 머리에는 깊게 점각이 나 있고 머리 정수리 중앙에는 세로로 홈이 나 있다. 모든 넓적다리마디 아래 부분에는 가시처럼 생긴 돌기가 있으며 앞다리와 뒷다리 넓적다리마디는 매우 뚜렷하고 삼각형이다. 어른벌레의 먹이식물은 사초류다. 지금까지 우리나라 남부지역에서만 출현하는 한국특산종이다.

연노랑애꼽추잎벌레(*Basilelpta pallidula* Baly)는 몸길이 3.3~3.9㎜로 볼록한 장타원형이다. 윗면, 배, 다리, 더듬이의 색깔은 연한 갈색이다. 딱지날개에 점각이 규칙적으로 나 있으며 기부와 끝부분은 매우 약하다. 다리에는 점각과 털이 있으며 넓적다리마디는 강하게 팽창되었다. 앞다리 넓적다리마디에는 작은 가시가 있다. 먹이식물은 일본전나무, 솔송나무, 낙엽송, 소나무류, 삼나무류, 정금나무, 졸참나무, 밤나무 등으로 알려졌으며 우리나라에서 어른벌레는 주로 참나무류와 밤나무에서 발견된다. 침엽수의 해충으로 유명하며, 6월경에 어른벌레로 우화해 8

금록색잎벌레 동색형

금록색잎벌레 적갈색형

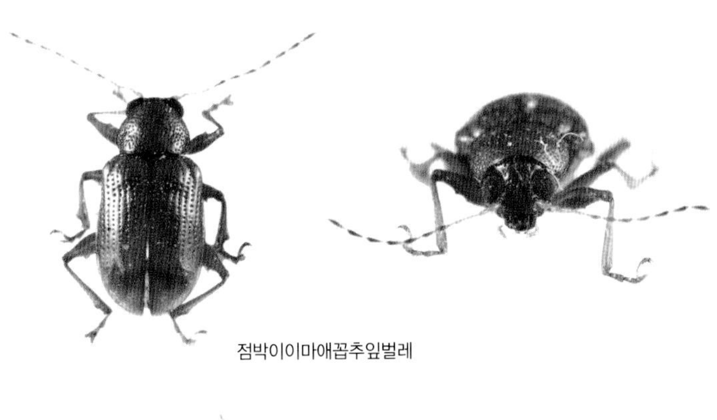

점박이이마애꼽추잎벌레

연노랑애꼽추잎벌레

월까지 야외에서 관찰된다. 6월에서 7월까지 낙엽층, 잡초의 뿌리 근처에 산란한다. 알 8개 정도를 알덩이 형태로 낳고 아교 같은 분비물로 덮어 싼다. 부화한 애벌레는 땅속에 들어가 삼나무, 소나무 등의 뿌리를 먹는다. 5월에 땅속에서 번데기가 되어 6월에 우화한다. 알, 애벌레, 번데기의 기간은 각각 10일, 23개월, 14일 정도다. 한국(전국), 중국, 일본 등에 분포한다.

콩잎벌레(*Pagria signata* Motschulsky)는 몸길이 1.8~2.4㎜로 우리나라 꼽추잎벌레 가운데 가장 작다. 색깔은 매우 다양하며 앞가슴등판이 황색, 적갈색, 흑색이고 딱지날개가 적갈색 또는 황색인 경우가 있다. 그리고 완전히 검은 경우도 있다. 다리는 황색 바탕에 갈색이다. 머리에는 강하고 조밀하게 점각이 나 있다. 먹이식물은 콩으로 알려졌다. 어른벌레는 6월 하순에서 8월 중순에 콩의 기부 등에 알을 10개 낳고 주위에 반달 모양으로 분비물을 칠한다. 부화한 애벌레는 실내에서는 콩줄기에 구멍을 만들어 피해를 준다. 종령 애벌레인 4령으로 땅속에서 번데기가 된다. 알, 애벌레, 번데기의 기간은 각각 10일, 30일, 6일이다. 새로 출현한 어른벌레는 8~9월에 출현해 월동한다. 한국(전국), 일본, 타이완, 중국, 시베리아, 베트남, 라오스, 타일랜드, 미얀마, 인도, 필리핀, 인도네시아, 미크로네시아에까지 넓게 분포한다.

포도꼽추잎벌레(*Bromius obscurus* Linnaeus)는 몸길이 5~5.5㎜로 볼록하다. 윗면은 전체적으로 검거나 딱지날개가 적갈색을 띠는 흑색인 경우도 있다. 더듬이는 검은데 3~4번째 기부마디는 갈색이다. 다리는 흑색이나 가끔 종아리마디는 밝다. 머리에는 강하고 깊은 점각이 있다. 앞가슴등판에는 강하고 조밀하게 점각이 나 있으며 털로 덮여 있다. 가운데 및 뒷다리 종아리마디 끝부분은 절단된 모양이다. 넓적다리마디

콩잎벌레

포도꼽추잎벌레

에는 가시가 있다. 어른벌레는 5~8월에 활동하며 포도의 해충으로 잘 알려졌다. 암컷은 공생세균이 살 수 있는 주머니가 산란기관에 같이 있어 산란 순간 알껍데기에 분비물과 함께 세균이 전달되어 애벌레가 부화할 때 알껍데기를 깨물면 이때 전달된다. 단위생식을 하는 잎벌레로 잘 알려졌다. 한국(전국), 유럽, 시베리아, 몽골, 사할린, 일본, 북미 등지에 분포한다. DNA 분석 결과 우리나라 종과 북미지역에 분포하는 종은 다른 것으로 나타나 분류학적인 검토가 필요하다.

흰활무늬잎벌레(*Trichochrysea japana* Motschulsky)는 몸길이 6.2~8.2㎜로 길쭉한 사각형이며 아랫면은 볼록하고 평행한 편이다. 윗면은 자줏빛이 도는 어두운 동색이다. 더듬이는 적갈색을 띤 흑색이며 다리 역시 적갈색이나 경절 끝과 부절은 검다. 앞가슴등판에는 황색 계통의 긴 털이 비스듬하게 나 있다. 딱지날개는 길쭉한 사각형이며 아랫면은 약간 볼록하고 길며 짧은 털이 있다. 다리는 짧고 넓적다리마디 가운데 아래 부분에 작은 가시가 있다. 어른벌레는 5~6월에 출현하며 밤나무, 상수리나무가 먹이식물이다. 한국(중부, 남부), 중국, 일본 등에 분포한다.

경기잎벌레(*Demotina modesta* Baly)는 몸길이 3~4㎜로 볼록한 장타원형이다. 몸의 아랫면은 노란 갈색에서 어두운 적갈색이며, 몸 전체가 백색의 누운 털로 덮여 있다. 가끔 딱지날개 뒷부분에 검거나 불분명하고 작은 백색 무늬가 있다. 다리는 전체적으로 황색 또는 적갈색이다. 어른벌레는 5~9월에 활동하며 참나무류, 밤나무 잎을 먹는다. 한국(전국), 일본 등에 분포한다.

사과나무잎벌레(*Lypesthes ater* Motschulsky)는 몸길이 6~7㎜로 약간 볼록한 사각형이다. 윗면은 흑색이며 전체적으로 흰 가루와 같은 분비물과 매우 미세한 털로 덮여 있다. 더듬이는 검지만 기부 3~4번째 마디는

흰활무늬잎벌레

사과나무잎벌레

경기잎벌레

갈색이다. 아랫면도 검고 다리도 흑색이나 발목마디는 적갈색이다. 머리 눈 뒤에는 홈이 뚜렷하게 있고 두 겹눈은 멀리 떨어져 있으며 그 사이는 오목하다. 5~7월에 어른벌레가 활동하며 먹이식물은 사과나무, 배나무, 매화나무, 호두나무다. 한국(중부, 남부), 일본, 중국에 분포한다.

고구마잎벌레(*Colasposoma dauricum* Mannerheim)는 몸길이 5.3~6㎜로 볼록한 장타원형이다. 윗면은 청동색, 초록색, 청색 등 다양하며 광택이 있다. 더듬이는 검으나 2~5마디는 황색 바탕에 갈색이다. 머리에는 강하고 조밀하게 점각이 나 있으며 가운데가 약간 오목하다. 앞가슴등판은 뚜렷하고 강한 점각이 나 있다. 딱지날개의 점각은 불규칙하게 나 있거나 불규칙한 줄을 이루고 있다. 딱지날개 옆 가장자리에는 주름이 없다. 먹이식물로는 고구마, 메꽃 등이 알려졌다. 5~7월에 출현한 어른벌레는 가늘고 긴 녹색 알을 1개씩 땅에 낳는다. 부화한 애벌레는 땅속에 들어가 뿌리를 먹으며, 종령 애벌레로 월동하다가 이듬해 5~6월에 번데기가 되고 5~7월에 우화해 8월까지 활동한다. 알, 애벌레, 번데기의 기간은 각각 7일, 10~11개월, 10~20일이다. 고구마의 덩이줄기에 들어가 먹는 해충으로 알려졌다. 한국(전국), 일본, 중국, 러시아 등에 분포한다.

중국청람색잎벌레(*Chrysochus chinensis* Baly)는 몸길이 11~13㎜로 매우 볼록한 장타원형이며 우리나라 꼽추잎벌레 가운데 가장 크다. 윗면은 자줏빛을 띠는 청색 또는 초록색이다. 더듬이는 검고 끝 5마디는 불투명하며 나머지는 다소 금속성 빛깔을 띤다. 눈 뒤에 홈이 있으며 짧은 털과 점각이 있다. 먹이식물은 박주가리, 고구마로 알려졌다. 어른벌레는 5~8월에 박주가리 새싹이나 잎을 먹으며, 식물에 낸 상처 부위에서 흰 액체가 나온다. 한국(중부, 남부), 러시아, 몽골, 중국, 일본 등에 분포한다.

고구마잎벌레 동색형

고구마잎벌레 청색형

중국청람색잎벌레 암수
부절이 넓은 오른쪽이 수컷

잎벌레아과

Chrysomelinae

등이 볼록하고 방어물질을 분비하는 무리

버들꼬마잎벌레와 알

잎벌레아과는 등이 볼록하고 무늬가 다양해 무당벌레처럼 보이는 종이 많다. 우리나라에서는 13속에 48종이 사는 것으로 알려졌다. 어른벌레는 체내에서 생성하거나 먹이식물에서 생합성 또는 추출한 독을 위험을 느낄 때 방어물질로 분비한다. 산과 들에서 많이 보이는 친숙한 종들이 많이 속해 있다.

잎벌레아과는 3~15㎜로 크기가 다양하지만 대다수 종들이 5㎜ 이상으로 잎벌레 가운데서는 중대형에 속한다. 일반적으로 가슴이 넓으며 몸은 약간 긴 타원형으로 둥글고 볼록하다. 이러한 형태나 다양한 무늬 또는 색상으로 인해 일부 종들은 무당벌레와 비슷해 보이기도 한다. 지금까지 발견된 잎벌레아과 화석 가운데 가장 오래된 것은 영국의 중생대 쥐라기 초기 지층에서 발견된 것이다.

남색잎벌레

농작물에 피해를 입히는 측면에서 세계적으로 가장 악명 높은 종은 토마토, 가지, 고추 등 가지과 식물에 큰 피해를 주는 콜로라도감자잎벌레가 유명하다. 이 종은 원래 콜로라도 지방과 인근 지역에서만 서식하면서 야생 가지속 식물을 먹었으나 지금은 미국 거의 전역과 유럽에까지 확산되어 큰 피해를 주고 있다. 우리나라에서는 농작물에 큰 피해를 끼치는 종은 없으며 주로 버드나무, 황철나무, 오리나무, 싸리나무, 돌배나무를 비롯해 쑥, 참소리쟁이 등에 피해를 주고 있다.

쌍떡잎식물만 먹는다

초기 잎벌레아과는 겉씨식물을 먹었으며 나중에 속씨식물을 먹는 형태로 적응 진화한 것으로 추정한다. 이 아과는 모두 쌍떡잎식물을 먹으며 외떡잎식물을 먹는다는 기록은 아직까지 없다. 이것은 식물과 식물을 먹는 종 사이의 높은 공진화 정도를 보여주는 것이다. 지리적으로 전 대륙에 다양하게 분포하며 우리나라에는 지금까지 13속 48종이 알려졌다.

일반적으로 잎벌레아과들은 버드나무과, 자작나무과, 마디풀과, 십자화과, 콩과, 아욱과, 미나리과, 가지과, 국화과, 협죽도과, 남가색과, 박주가리과 식물 등을 선호하지만 신북구에서는 가지과식물에 대한 기주선택성이 가장 강하다. 가시다리잎벌레속의 종들은 주로 소리쟁이, 마디풀 등 마디풀과 식물을 먹으며, 좁은가슴잎벌레속은 미나리냉이 등 십자화과 식물을 선호하고, 버들꼬마잎벌레속은 버드나무류, 포플러 등에 주로 서식한다. 잎벌레속의 종들의 경우 자작나무, 포플러, 버드나무 등을 주로 먹고, 금록색잎벌레류는 오리나무, 수염잎벌레류는 싸리나무, 버드나무류를 먹는다.

세계적으로 알려진 잎벌레아과 174속 가운데 43%인 76속의 먹이식물이 보고되었으며 약 40개과의 식물을 선호하는 것으로 알려졌다. 참잎벌레속의 종들은 날개가 짧으며 잎벌레속의 잎벌레들은 뒷날개가 퇴화되거나 없고 날개 근육도 퇴화되어 비행을 못하거나 비행능력이 매우 약하다. 따라서 일부 종들은 교목에서도 서식하지만 주로 초본류

1 버들꼬마잎벌레 어른벌레에 의한 버드나무 잎 피해 모양 **2** 버들꼬마잎벌레 애벌레에 의한 버드나무 잎 피해 모양 **3** 버들꼬마잎벌레 어른벌레에 의한 버드나무 피해 모양

나 관목류에 한정되어 서식한다.

일반적으로 식물을 먹는 전형적인 식식자로 알려진 잎벌레아과 가운데 버들꼬마잎벌레를 비롯해 8종이 알에서 보다 빨리 부화한 애벌레가 아직 부화하지 않은 같은 종의 알을 먹는 동종포식 습성이 있다. 콜로라도감자잎벌레는 어른벌레가 알을 먹는 것으로 알려졌다. 한편 미국, 캐나다, 브라질 등에서는 참잎벌레속의 여러 종을 대상으로 잡초방제를 위한 시험과 연구를 하고 있다.

화학물질을 분비해 방어한다

잎벌레속에서는 많은 종들이 다른 종들과 짝짓기가 일어나 잡종이 태어나는 것으로 알려졌다. 이것은 2종이 같은 먹이식물에서 생활하기 때문인 것으로 추정된다. 사시나무잎벌레는 짝짓기하는 데 50~60분이 소요되며 다른 유사 종들은 보다 더 많은 시간이 걸린다.

종에 따라 먹이식물 잎 윗면이나 아랫면 또는 줄기에 1개씩 또는 수십 개씩 산란하는 경우와 불규칙한 열 형태로 낳는 경우도 있다. 수염잎벌레류는 마른 줄기에 불규칙한 열을 이루면서 산란한다. 버들꼬마잎벌레는 버드나무류 잎 뒷면에 알을 세워서 수십 개씩 모아 낳는다. 좀남색잎벌레 역시 먹이식물 잎 뒷면에 알을 세우거나 비스듬하게, 그리고 겹쳐서 수십 개씩 낳는다. 좁은가슴잎벌레속의 종은 잎을 물어서 작은 구멍을 내고 그 안에 알을 낳는데 분비물로 막지는 않지만 노출된 것보다 천적 눈에 잘 띄지 않는다.

일반적으로 수염잎벌레류 일부 종의 암컷은 어린 사시나무류 새잎에 알을 40여 개 낳으며 4령 애벌레가 되기까지 6~8일 소요된다. 암컷은 알과 애벌레를 가지 아랫부분에서 지키고 보호한다. 암컷의 전형적인 방어행동은 몸을 이리저리 흔드는 것인데 개미나 무당벌레 같은 천적을 쫓아버리려는 행동으로 여겨진다. 애벌레는 3령 내지 4령까지 어미의 보호를 받는다. 쌍색잎벌레도 보호습성이 있으며, 보다 많은 종이 이런 행동을 한다.

군집생활을 하는 종들은 휴식을 취할 때 밤낮으로 머리나 배 끝을 나란히 해 원형을 유지하며 집단방어 능력을 높이는 것으로 나타났다. 수염잎벌레속, 버들꼬마잎벌레속, 점박이잎벌레속 종들의 애벌레가 이러한 행동을 보이며 짝발잎벌레속 애벌레는 집단생활을 하지만 원형을 유지하지 않는다.

번데기의 색깔은 백색, 황색, 오렌지색, 적색 등 다양하다. 번데기의 9째 등마디에는 표피돌기가 1~2개 있으며, 참잎벌레속의 종들은

버들꼬마잎벌레 애벌레의 동심형 방어행동

1개이고 수염잎벌레속의 종들은 2개다. 잎이나 땅속에서 번데기가 된다.

포식자의 공격에 대해 분비하는 화학물질인 알로몬은 잎벌레아과의 앞가슴등판과 앞날개 분비기관에 저장되었다가 필요시 분비한다. 약하게 자극 받았을 때는 두 분비샘에서 방어물질을 동시에 분비하지 않고 앞가슴등판 측면이나 날개에서 선택적으로 분비한다. 이것은 자극을 받은 주변 신경들이 중추신경계를 통해 감각신경과 방어분비선에 동시에 전달되는 신경조절 분비물이다. 물질은 주로 산, 글루코시드(당원질), 알칼로이드이다. 이런 방어물질은 곤충 체내에서 생성되기도 하고 먹이식물로부터 생합성하거나 분리한 것이다.

이 물질은 종이나 개체 사이에서도 차이가 있는 것으로 알려졌다. 참잎벌레속, 수염잎벌레속, 점박이잎벌레속 등의 알을 보호하는 암컷어른벌레에서 볼 수 있다. 특히 사시나무잎벌레를 비롯해 잎벌레속의 잎벌레류는 먹이식물인 버드나무류, 포플러에서 섭취한 살리신을 비롯해 스테로이드 글루코사이드, 질소산화물과 같은 화학적인 방어물질이 알에 있어 포식자들에게 독으로 작용한다. 포플러를 먹은 사시나무잎벌레 알 1개에 14㎍의 살리신 성분이 있는 것으로 알려졌다.

포식자들은 응애, 노린재류, 풀잠자리, 뱀잠자리붙이, 딱정벌레류, 먼지벌레류, 무당벌레류, 밑들이, 개미, 꽃등에 등이며, 기생자들은 응애, 알벌, 좀벌류 등이다. 박테리아에 감염된 콜로라도잎벌레 애벌레는 3일 만에 죽게 된다. 꽃노린재는 남색잎벌레를 포식하고 허리노린재는 참잎벌레속의 종들을 포식한다. 특히 버들꼬마잎벌레는 균류에 많이 희생당하기도 한다.

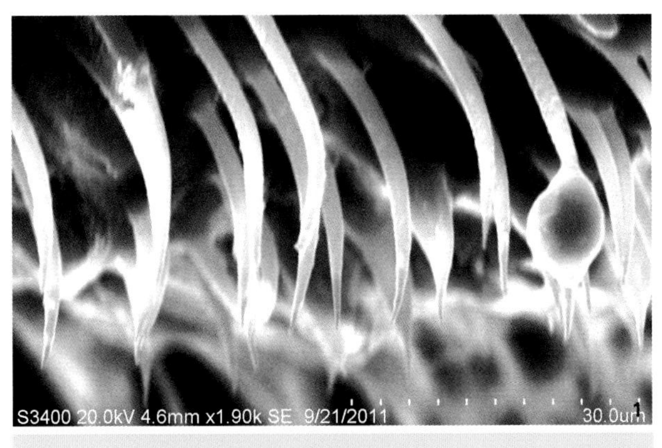

1 버들꼬마잎벌레 부절 털 구조 **2** 기생당한 버들꼬마잎벌레 **3** 균류에 의해 기생당한 버들꼬마잎벌레

우리나라 잎벌레류

쑥잎벌레(*Chrysolina aurichalcea* Mannerheim)는 몸길이 7~10㎜로 흑청색 또는 적동색의 타원형이다. 쑥의 대표적인 해충으로 월동한 알은 3월 하순경에 부화하며 애벌레는 5월경에 쑥 또는 쑥부쟁이 잎에서 주로 발견된다. 애벌레기간은 약 20일, 번데기는 7일, 어른벌레는 4월에서 11월에 걸쳐 관찰된다. 특히 9월경에 쑥에서 많이 발견되며, 10~12월에 가늘고 긴 갈색 알을 먹이식물의 뿌리 부근에 산란한다. 어른벌레는 날지 않지만 드물게 나는 것도 있다. 한국(전국), 중국, 일본, 몽골, 러시아, 대만, 베트남, 라오스, 유럽까지 분포한다.

박하잎벌레(*Chrysolina exanthematica* Wiedemann)는 몸길이 7.5~9㎜로 자흑색의 타원형이다. 날개에 점각이 없는 둥근 부분이 세로로 5줄 나 있다. 박하가 먹이풀이다. 어른벌레는 4~5월에 나타나지만 곧 휴면해 9월에 다시 관찰된다. 휴면에서 깨어난 어른벌레는 가늘고 긴 적갈색 알을 식초 부근에 뭉쳐서 낳는다. 한국, 중국, 대만, 일본, 몽골, 러시아, 대만, 인도 등에 분포한다.

청줄보라잎벌레(*Chrysolina virgata* Motschulsky)는 몸길이 11~15㎜로 잎벌레아과 가운데 가장 크며 금록색의 길쭉한 모양이다. 날개 중앙에 폭넓은 적동색 세로 주름이 있다. 먹이식물은 층층이꽃, 들깨다. 어른벌레는 6월에서 9월까지 활동하며, 최근 허브식물 농장에서 대발생하는 경우도 있다. 9월 중순에는 애벌레도 관찰되며 하순에 애벌레가 땅속에 들어가 번데기 전단계로 보내다가 이듬해 3~4월에 번데기가 되며 4월부터 우화한다. 한국(중부, 남부), 시베리아 동부, 중국, 일본 등에 분포한다.

알을 갖고 있는 쑥잎벌레 암컷

박하잎벌레

청줄보라잎벌레

좀남색잎벌레(*Gastrophysa atrocyanea* Motschulsky)는 몸길이 5.2~5.8㎜로 타원형이며 자주색 광택이 있는 흑청색이다. 참소리쟁이가 대표적 먹이식물이다. 월동 어른벌레는 3월 하순에 나타나며, 참소리쟁이 잎 뒷면에 황백색 알을 뭉쳐서 낳는다. 부화한 애벌레는 집단으로 먹이를 섭식하며, 2회 탈피를 거쳐 성숙한 후, 땅속에 들어가 번데기가 된다. 새로 출현한 어른벌레는 4~5월부터 나와 참소리쟁이를 먹은 후, 휴면에 들어가 그 상태로 월동한다. 한국(북부), 중국, 러시아, 몽골, 유럽, 중부 아시아, 북미 등에 분포한다.

버들꼬마잎벌레(*Plagiodera versicolora* Laicharting)는 몸길이 3.3~4.4㎜로 타원형이며 약간의 초록 광택이 있는 흑청색이다. 몸 아랫면은 흑색이다. 주로 버드나무와 미루나무 잎을 먹는다. 4월 상순에 월동 어른벌레가 나타나 5월 초순에 잎 표면에 세로로 산란하기 시작한다. 알은 가늘고 길며 황백색이다. 부화한 애벌레는 집단생활을 하며, 2회 탈피 후 성숙한 애벌레는 먹이식물 잎 위에서 번데기가 된다. 지역에 따라 어른벌레는 11월까지 활동한다.

사시나무잎벌레는 10~12㎜로 타원형이며 황갈색 바탕에 날개 끝부분에는 녹청색 반점이 있다. 앞가슴등판은 전체가 청록색이다. 주로 버드나무, 황철나무를 먹는다. 월동 어른벌레는 5월 하순에 출현해 가늘고 긴 등황색 알을 잎 표면에 뭉쳐서 산란한다. 애벌레는 6~7월에, 어른벌레는 5~9월에 야외에서 관찰된다. 한국, 유럽, 북아프리카, 시베리아, 중국, 대만, 인도, 일본 등에 분포한다.

버들잎벌레(*Chrysomela vigintipunctata* Scopoli)는 몸길이 6.8~8.5㎜로 앞가슴등판은 흑색이나 앞날개는 황갈색 바탕에 검은 반점이 10개 있다. 그러나 날개 전체가 어두운 청색을 나타내는 개체도 많다. 버드나무가

알을 갖고 있는 좀남색잎벌레 암컷

좀남색잎벌레 애벌레

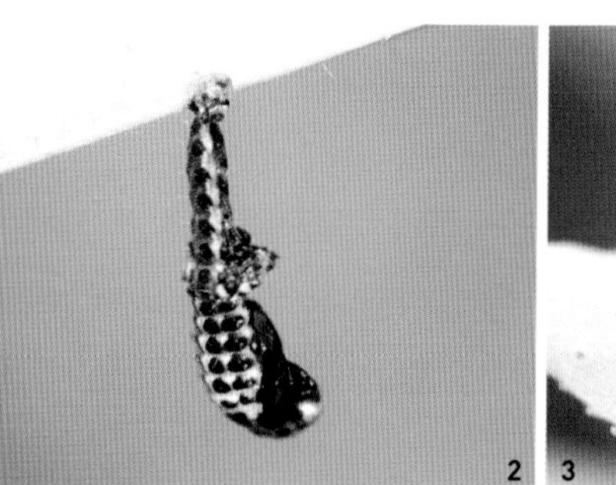

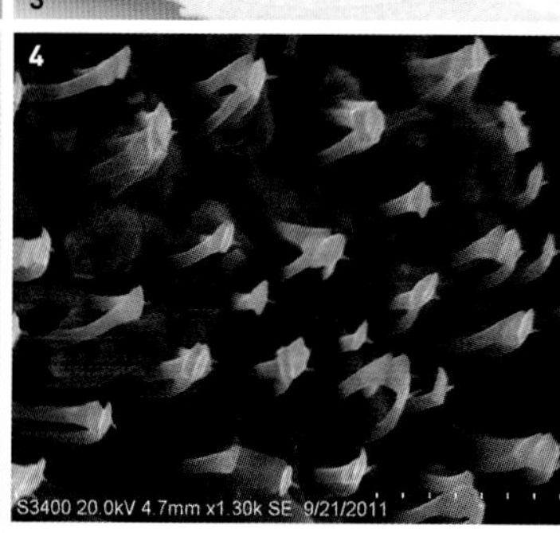

버들잎벌레
1 애벌레 **2** 거꾸로 탈피하는 순간 **3** 탈피 허물 **4** 부절 털 구조 **5** 어른벌레

먹이식물이다. 3월 하순경에 월동 어른벌레가 출현해 4월 중순에 버드나무류 잎 표면에 가늘고 긴 담녹색 알을 경사지게 쌓아 올린 형태로 산란한다. 애벌레는 유백색이며 4월 중 · 하순에 야외에서 쉽게 관찰할 수 있다. 주로 잎 뒷면에서 탈피하는데 배 끝부분을 잎면에 고정시키고 일어서서 거꾸로 허물을 벗는다. 봄에 버드나무 잎을 관찰하면 많은 허물을 볼 수 있다. 새로운 어른벌레는 4월 하순부터 나타난다. 어른벌레의 부절 발바닥에는 털이 많으며 표면적을 넓게 할 수 있는 구조여서 매끄러운 먹이식물 잎에서 천적보다 빠르게 잘 이동할 수 있다. 한국(중부, 남부), 유럽, 시베리아, 몽골, 중국, 대만, 일본 등에 분포한다.

십이점박이잎벌레(*Paropsides duodecimpustulata* Gebler)는 몸길이 8~10㎜로 타원형이며 매우 볼록하다. 흑색 날개에 적갈색 무늬가 7쌍 있는데 무늬 변이가 매우 크게 나타난다. 먹이식물은 돌배나무, 털야광나무 등이다. 월동 어른벌레는 5월 하순에서 7월 상순에 돌배나무에 암적색 알 20개 정도를 뭉쳐서 산란한다. 적갈색 점액으로 알을 잎 표면에 부착시킨다. 종령인 4령은 땅속으로 들어가 번데기가 된다. 한국(중부, 남부), 동부 시베리아, 중국, 일본, 베트남, 미얀마, 인도 등에 분포한다.

수염잎벌레(*Gonioctena fulva* Motschulsky)는 몸길이 5~6㎜로 볼록한 타원형이다. 대체로 몸 색깔은 붉은색에서 갈색으로 전흉배판과 시초도 같은 색이다. 싸리나무류, 버드나무류가 먹이식물이다. 한국(북부, 중부, 남부), 중국(만주, 북부, 중부, 남부), 러시아(시베리아), 베트남 북부 등에 분포한다.

참금록색잎벌레(*Linaeidea adamsi* Baly)는 몸길이 6.5~8.5㎜로 장타원형이며 앞가슴등판은 어두운 적갈색이지만 날개는 어두운 청록색이다.

먹이식물은 오리나무다. 어른벌레는 5월부터 9월까지 활동하며 오리나무 잎에서 오리나무잎벌레 또는 남색잎벌레와 같이 서식한다. 지금까지 우리나라와 중국에만 분포하는 대륙종으로 알려졌다. 한국(북부, 중부, 남부), 중국 등에 분포한다.

십이점박이잎벌레

사시나무잎벌레

수염잎벌레

긴더듬이잎벌레아과

Galerucinae

더듬이가 긴 무리

두줄박이애잎벌레

다른 잎벌레들에 비해 더듬이가 긴 잎벌레들로 우리나라에는 57종이 살고 있다. 한 종류의 식물이나 한정된 몇 가지만을 먹는 종이 많으며, 애벌레와 어른벌레 때 먹이 전환을 하는 종도 있다. 대부분 애벌레와 어른벌레 때 위험을 느끼면 방어물질을 분비한다.

• •

긴더듬이잎벌레아과에 속한 우리나라 종들의 크기는 2.5~14㎜로 다양하지만 대부분 10㎜ 내외로 잎벌레 가운데 대형이다. 일반적으로 더듬이가 이마나 정수리에 의해 분리되지 않고 이마 바로 앞부분에 나 있으며, 이름에서처럼 더듬이가 다른 잎벌레에 비해 길다. 몸은 대부분 긴 타원형으로 약간 둥글고 볼록하지만 일부 종은 길고 매끈하다. 발생계통학적으로 보면 많은 잎벌레아과 가운데 벼룩잎벌레아과와 가깝다.

지금까지 발견된 긴더듬이잎벌레아과 화석 가운데 가장 오래된 것은 영국의 중생대 쥐라기 지층에서 발견된 것이다. 대다수 어른벌레는 날개가 발달해 잘 날 수 있어 관목뿐 아니라 큰 나무, 심지어 숲의 높은 곳까지 서식하지만, 일부 종은 날개가 작거나 없어 낮은 관목에 서식한다. 지금까지 세계적으로 5,800여 종이 보고되었고 전 대륙에 다양하게 분포하며 우리나라에는 26속 57종이 분포한다.

몽골에 분포하는 긴수염잎벌레 일종. 산란까지 암컷을 보호한다.

애벌레와 어른벌레 때 먹이 전환을 하기도

애벌레의 생활사는 다양하지만 어른벌레는 일반적으로 꽃가루를 먹는다. 긴더듬이잎벌레과의 많은 종들은 한 종류의 식물만 먹는 단식성 또는 한정된 몇 가지 식물만 먹는 소식성이다. 136속 가운데 83속이 단식성 또는 소식성(61.4%)이며, 52속은 여러 종류를 먹는 다식성(38.5%)이다. 기본적으로 박과, 콩과, 마편초과를 먹지만 그 외에도 많은 식물을 먹어 100여 개 과가 먹이식물로 알려졌다. 대부분은 쌍떡잎식물을 먹지만 많은 어른벌레는 벼과나 박과 식물의 꽃가루도 먹는다. 그러나 암꽃의 꿀을 빨아먹는 종, 식물 내부 줄기 조직을 먹거나 잎맥을 먹는 종, 외떡잎식물을 먹는 종 등 먹이습성이 특이한 종들도 있다. 먹이식물인 외떡잎식물 17과 중에서는 수선화과, 생강과, 백합과를 가장 많이 이용한다. 애긴더듬이잎벌레속 애벌레는 백합과와 수선화과 식물의 구근 속에서 살다가 어른벌레가 되면 먹이를 바꾸어 국화과, 포도과, 녹나무과, 버드나무과, 자작나무과 등의 식물을 먹는 다식자가 된다.

알은 배설물이나 끈적끈적한 분비물로 부착시켜서 줄기, 잎, 꽃잎, 토양 틈을 비롯해 다양한 장소에 낳으며, 알 70여 개를 오렌지색 알집에 부착해서 낳기도 한다. 어떤 종은 식물 줄기 속이나 잎 아랫면에 낳기도 하며, 어떤 종은 며칠 전부터 나무에 구멍을 만들어 그 속에 산란한다. 이것은 나무와 개미의 공생관계를 이용하는 기생이다. 즉 개미 산란처에 알을 낳아 보호받는 것이다. 다른 잎벌레아과에서는 볼 수 없는 뿌리에 산란하는 경우도 있다. 일본잎벌레처럼 마름 같은 수생식물의 물 위 잎에 수십 개씩 산란하기도 한다.

일부 종의 애벌레는 잎에 굴을 파고 살지만 대부분은 어른벌레처

1 검정오이잎벌레에 의한 단풍마 피해 **2** 어리발톱잎벌레에 의한 붉나무 피해

럼 식물에서 자유생활을 한다. 흔히 잎에서 군집생활을 하지만 일부 애벌레는 질소고정을 하는 뿌리혹을 파괴하기도 하며, 산사나무 열매의 과육 안에서 생활하기도 한다. 인도 동부 지역의 상기르(Sanghir) 섬에 서식하는 종은 평소 식물을 먹지만 살아있는 콜루버속 뱀의 상처를 먹는 것으로 보고되었다. 브라질 파라(Para) 지역에 서식하는 긴더듬이잎벌레(*Diabrotica angulicollis*)는 가뢰(*Epicauta aterrima*) 어른벌레를 먹는 식충성이다. 약 1㎝ 크기의 긴더듬이잎벌레가 약 4㎝ 크기의 가뢰 배에 구멍을 내고 내장을 먹는다. 이 속의 잎벌레들은 주로 박과 식물을 먹는 초식성인데, 이처럼 초식성에서 곤충을 먹는 식충성으로 매우 특이한 먹이 전환을 한다. 곤충에 있어 먹이 전환은 매우 특이한 것으로 지금까지 잎벌레에서는 보고되지 않았던 것이다. 긴더듬이잎벌레는 대부분 알이나 어른벌레로 월동하지만 서식하는 기후 환경이나 종에 따라 애벌레로도 겨울을 지낸다.

독한 방어물질을 반사적으로 분비

긴더듬이잎벌레류 가운데 일부 종의 알은 단순한 배설물로 덮여 있는 것이 아니라 작은 탄환처럼 검고 단단하게 싸여 있으며, 이러한 분비물에는 다양한 성분의 화학적 방어물질이 있다. 참긴더듬이잎벌레속 암컷은 먹이식물 가지에 작은 구멍을 만들어 그 속에 알을 낳고 배설물이나 다른 물질로 막아버린다. 어떤 종은 식물 줄기에 얇은 홈을 만들어 알을 60~70개 낳고 아교 같은 분비물로 덮어버린다.

애벌레의 가장 간단한 방어법은 잎 속에 굴을 파거나, 뿌리 속에 살면서 천적을 회피하는 것이다. 어른벌레처럼 강한 독성물질을 갖고 있어 위협 받으면 반사적으로 입이나 항문에서 발산하거나 장 속에 있는 불쾌한 물질을 역류시키기도 한다. 일부 애벌레는 개미가 싫어하는 식물 잎 뒷면에서 집단으로 모여 살고 밤에는 배 끝에 있는 방패판을 바깥쪽으로 향하게 하고 머리를 원형으로 서로 붙이고 지내다가 개미의 방해를 받으면 배를 세워 매우 역겨운 액체를 발산한다.

딸기잎벌레속의 모든 종은 크리조페놀, 크리자진, 디타라놀 같은 화학적 방어물질을 갖고 있다. 긴수염잎벌레 가운데 일부 종 어른벌레는 쿠쿨비타신이라는 방어물질이 몸속에 들어 있다. 어른벌레의 방어물질은 림프와 다른 조직에 모여 있는데 적당하게 압력을 받으면 입과 넓적다리, 종아리다리에서 자동으로 출혈된다. 오리나무잎벌레속 일부 종 애벌레들은 협오분비샘이 있으며 위협 시 협오기피물질을 자동적으로 분비해 천적을 피하는데 작은 천적 즉 개미에게는 효과가 있다. 자동 출혈은 머리와 가슴 사이에 있는 체절막과 배 마지막 두 마디가 연결된 막에서 생성되며 애벌레 몸무게의 13%를 출혈한다. 긴더듬이잎벌류 어른벌레의 화학적 방어물질인 알로몬은 쿠쿠비타신, 안트라퀴노제, 디트라놀이며 먹이식물로부터 축적하는 것으로 알려졌다. 이처럼 여러 종의 애벌레 또는 어른벌레들이 외부 자극에 반사적으로 방어물질을 분비한다. 이 밖에도 다른 곤충과 흡사한 무늬를 띠는 모방도 전략적으로 활용하며, 필리핀에 서식하는 종의 경우 바퀴벌레의 무늬와 흡사한 검은 무늬를 띠고 있다.

식물 피해 및 천적

애벌레는 크기 4~18㎜로 길쭉한 모양이며 약간 굽었다. 배 끝마디에 보호용 방패가 있는 종도 있다. 10번째 배마디는 꼬리다리로 퇴화되어 앞으로 이동할 때 갈고리 역할을 한다. 낱눈은 없거나 머리 양쪽에 각

각 1개씩 붙어 있다. 더듬이는 하나이거나 2개의 체절로 되었다. 애벌레는 여러 종류의 식물을 먹으며 작물에 심각한 피해를 준다. 대부분 3령의 애벌레 단계를 거쳐 토양 속 방, 나무줄기 껍질 틈 속, 나무의 새싹 속, 잎 위의 고치 속 등 다양한 곳에서 번데기가 된다. 번데기는 백색, 황색, 갈색 등 다양하다.

기생자들은 고치벌, 좀벌, 기생파리류 등이며, 무당벌레류, 개미 등 다양한 식충성 곤충들이 포식자다. 특히 달팽이가 알을 포식하는 것으로 알려졌다. 곰팡이 가운데는 10여 종의 자낭균류가 알려졌으며 선충류에 감염당하기도 한다.

주로 오이, 호박, 파, 부추 등 농작물과 오리나무, 졸참나무, 밤나무, 버드나무, 황철나무, 개암나무, 느릅나무 등 산림에 피해를 준다. 이 가운데 오리나무잎벌레는 오리나무에 큰 피해를 미치는 주요 산림해충이며, 오이잎벌레류는 호박, 오이 등 농작물에 피해를 준다. 일본잎벌레는 수생식물인 마름에 큰 피해를 주며, 최근 국내 유입된 돼지풀잎벌레는 위해식물인 돼지풀을 주로 먹는 것으로 알려졌다. 이러한 단식성 습성을 가진 잎벌레를 이용해 특정 잡초를 제거하는 생물학적 잡초방제에 대한 연구가 수행되고 있다.

우리나라 긴수염잎벌레류

열점박이별잎벌레(*Oides decempunctatus* Billberg)는 몸길이 9~14㎜로 긴수염잎벌레류 가운데 가장 크다. 몸은 매우 볼록하고 둥글다. 머리, 가슴, 날개는 황갈색이며 일부 개체의 앞가슴등판은 적갈색인 경우도 있다. 배와 다리도 황갈색이며 앞날개에 검고 둥근 무늬가 10개 있다. 먹이식물은 포도, 개머루이며 특히 7월 하순부터 10월 중순까지 개머루에

자낭균에 기생당한 돼지풀잎벌레

열점박이별잎벌레
1~2 짝짓기 싸움 **3** 애벌레

서 쉽게 관찰할 수 있다. 주로 집단으로 서식하며 암컷을 차지하기 위한 쟁탈이 매우 심해 짝짓기 상태에서도 다른 수컷이 집요하게 쟁탈 행동을 한다. 어른벌레 및 애벌레 모두 위협을 받으면 황색 방어물질을 분비한다. 한국(북부, 중부, 남부), 중국, 대만, 베트남, 캄보디아, 라오스 등에 분포한다.

오이잎벌레(*Aulacophora indica* Gmelin)는 몸길이 5.6~7.3㎜로 몸은 약간 볼록하며 길쭉한 편이다. 등은 적갈색이나 아랫면은 흑색이다. 월동 어른벌레는 3월 하순부터 나와 5월 하순에서 6월까지 땅 속에 덩어리 형태로 산란한다. 약 2주 후 부화한 애벌레는 박과 식물의 뿌리를 먹는다. 3령까지는 20~30일 걸리며 땅 속에서 번데기가 되며 기간은 2주일 정도다. 새로운 어른벌레는 8~11월까지 활동하며, 11월에 약간 건조한 땅 속에 모여 월동한다. 연 1회 발생하며 주로 재배하는 오이, 호박 등 박과 식물의 꽃잎이나 꽃가루 등을 먹는다. 어른벌레도 위협을 받으면 황색 방어물질을 분비한다. 한국(중부, 남부, 제주도), 인도, 셀론, 미얀마, 네팔, 부탄, 안다만, 니코바르, 태국, 캄보디아, 라오스, 베트남, 해난도, 중국, 대만, 필리핀, 류큐섬, 일본, 시베리아, 선다섬, 마이크로네시아, 뉴기니아, 사모아, 피지 등에 분포한다.

검정오이잎벌레(*Aulacophora nigripennis* Motschulsky)는 몸길이 5.8~6.3㎜로 역시 약간 볼록하고 길쭉하다. 머리와 가슴은 황갈색이지만 날개와 다리는 흑색이다. 월동 어른벌레는 4월부터 나와 5~6월에 산란하며 알에서 번데기까지는 약 1개월 걸린다. 연 1회 발생하며 어른벌레는 4~11월까지 활동하다 집단으로 월동한다. 외국에서는 먹이풀로 콩이 알려져 있지만 국내에는 이에 대한 기록이 없으며, 단풍마, 호박에 피해를 주는 것으로 확인되었다. 한국(중부, 남부, 제주도), 일본, 대만, 중

오이잎벌레

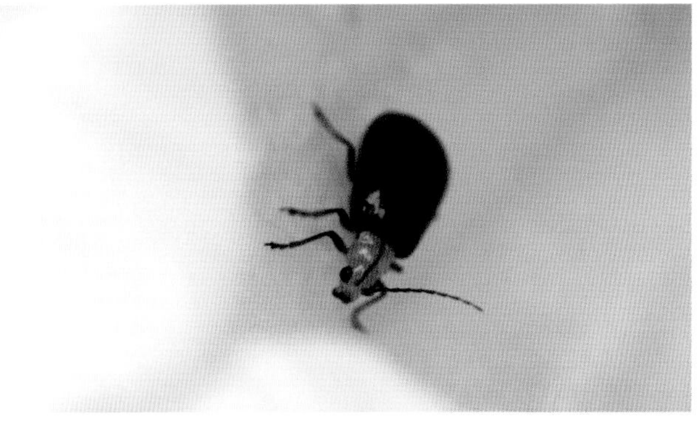

검정오이잎벌레

국, 동부시베리아 등에 분포한다.

돼지풀잎벌레(*Ophraella communa* Lesage)는 몸길이 4~7㎜로 다소 길쭉하다. 황갈색이며 날개에 흑색 줄무늬가 세로로 나 있다. 외래종으로 북미가 원산지이며 우리나라에서는 2000년 3월 대구에서 처음 확인되었다. 국내에서 7~8월에 돼지풀에서 알, 애벌레, 어른벌레가 함께 발견되며 먹이식물 잎이나 줄기에서 고치를 만들고 번데기가 된다. 1년에 4~6회 발생하며 어른벌레는 3~11월까지 활동하다가 월동한다. 돼지풀을 주로 먹으며 둥근잎돼지풀, 들깨, 도꼬마리, 단풍잎돼지풀, 큰도꼬마리, 가시도꼬마리, 해바라기에도 피해를 주는 것으로 알려졌다. 한국(전국), 일본, 대만, 북미 등에 분포한다.

오리나무잎벌레(*Agelastica coerulea* Baly)는 몸길이 5.7~7.5㎜로 볼록하다. 더듬이, 다리를 포함해 전체가 흑청색이다. 어른벌레는 4월 중 · 하순부터 9월 중순까지 오리나무 잎에서 발견된다. 4월 하순에 긴 타원형 황백색 알을 10개 정도씩 뭉쳐 잎에 낳는다. 애벌레는 무리지어 잎을 먹으며, 배 양측의 방어선에서 분비물을 낸다. 3령을 마친 애벌레는 땅 속에서 번데기가 된다. 알, 애벌레 기간은 각각 10일, 20~30일이다. 어른벌레로 월동하고 연 1회 발생하며 오리나무에 큰 피해를 끼치는 주요 산림해충이다. 한국(중부, 남부), 일본, 중국 동북부, 시베리아 동부, 북미 등에 분포한다.

크로바잎벌레(*Monolepta quadriguttata* Motschulsky)는 몸길이 3.6~4㎜로 길쭉한 알 모양이며 약간 볼록하다. 머리와 가슴은 적갈색이며 날개 앞부분은 검고 흰색 둥근 무늬가 있으나 뒷부분은 황갈색이다. 몸 아랫면은 흑갈색이다. 어른벌레는 6~10월까지 활동한다. 한국(중부, 남부, 제주도), 일본, 시베리아 동부, 중국 등에 분포한다.

돼지풀잎벌레
북미 외래종이다.

오리나무잎벌레

크로바잎벌레

어리발톱잎벌레(*Monolepta shirozui* Kimoto)는 몸길이 3~4㎜로 길쭉한 알 모양이며 약간 볼록하다. 날개 어깨 및 끝 부분은 검은색을 띤 황갈색이지만 개체에 따라 날개 전체가 황갈색인 것도 있다. 어른벌레는 6~9월까지 활동하며 외국에서는 때죽나무가 먹이식물로 알려져 있지만 국내서는 북나무, 졸참나무, 밤나무 등에 서식한다. 한국(중부, 남부), 일본(대마도)에만 분포한다.

노랑가슴녹색잎벌레(*Agelasa nigriceps* Motschulsky)는 몸길이 5.8~7.8㎜로 약간 볼록하다. 머리, 가슴 아랫면, 날개는 녹청색이고 가슴 윗면, 배, 다리는 황갈색이다. 월동 어른벌레는 5월 하순에 길고 흰 알을 잎에 뭉쳐서 낳는다. 부화한 애벌레는 3령을 거쳐 땅 속에서 번데기가 된다. 애벌레 기간은 약 1개월이며, 어른벌레는 6~7월, 애벌레는 7~8월, 새로운 어른벌레는 9~10월에 활동한다. 연 1회 발생하며 쥐다래나무, 다래나무 등이 먹이식물이다. 한국(중부, 남부, 제주도), 일본, 중국 동북부, 시베리아 등에 분포한다.

상아잎벌레(*Gallerucida bifasciata* Motschulsky)는 몸길이 7.5~9.5㎜로 매우 볼록하다. 머리, 더듬이, 다리와 날개도 흑색이나 날개 기부 아래, 중앙, 끝 부분에는 지그재그 같은 황색 줄무늬가 옆으로 있으며 변이가 심하다. 월동 어른벌레는 5~6월에 산란하며 애벌레는 5~7월에 호장근 잎에 서식한다. 땅 속에서 번데기가 되며, 새로운 어른벌레는 8~10월에 걸쳐 출현한다. 알과 애벌레 기간은 모두 2주가량 된다. 연 1회 발생하며 소리쟁이류, 며느리배꼽 등을 먹는다. 한국(전국), 시베리아 동부, 중국 중부 및 동부, 일본, 대만 등에 분포한다.

딸기잎벌레(*Galerucella grisescens* Joannis)는 몸길이 3.7~5.2㎜로 몸은 길쭉하며 어두운 갈색이다. 머리 정수리와 가슴 중앙, 더듬이는 흑갈색

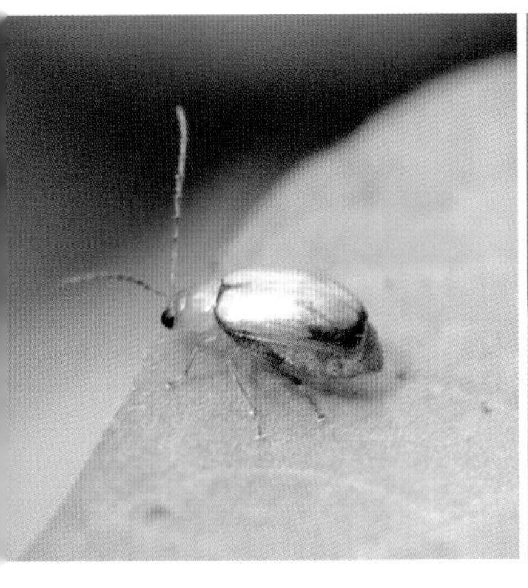

어리발톱잎벌레

상아잎벌레

노랑가슴녹색잎벌레

이다. 월동 어른벌레는 4월 초순에 나와 잎 뒷면에 황색 알을 10~30개 낳는다. 애벌레는 4~11월에 걸쳐 볼 수 있으며, 3령까지 자란 후 잎 위에서 번데기가 된다. 연 5회 발생하며 4~5회 어른벌레들이 월동한다. 딸기의 해충으로 알려져 있으나 딸기 온실재배로 직접적인 피해를 주지는 못하며 주로 고마리, 소리쟁이, 여뀌류에서 쉽게 관찰할 수 있다. 한국(전국), 유럽, 러시아, 중국, 일본, 베트남 등에 분포한다.

일본잎벌레(*Galerucella nipponensis* Laboissiere)는 몸길이 4.8~6㎜로 길쭉하고 검은 갈색이나 가장자리는 황갈색이다. 어른벌레는 연못 주변의 죽은 풀 사이에서 월동하고 4월 하순 경에 출현한다. 6~8월에 산란하며, 둥근 등황색 알 20개 정도를 먹이식물 잎 위에 낳는다. 알 기간은 1주일이며, 애벌레는 2주일 정도 지나면 잎에서 번데기가 된다. 연 1회 발생하며 어른벌레로 월동한다. 마름과 순채를 먹는다. 한국(중부, 남부, 제주도), 일본, 시베리아 남동부 등에 분포한다.

딸기잎벌레
1 어른벌레 **2** 알 **3** 애벌레

일본잎벌레
1 마름 피해 증상 **2** 알

벼룩잎벌레아과

Alticinae

뒷다리가 통통한 무리

황갈색잎벌레

벼룩잎벌레아과는 잎벌레아과 가운데 가장 큰 아과로 지금까지 세계적으로 560속 8,000종 이상이 알려졌다. 이름처럼 대부분 종들의 뒷다리의 넓적다리마디가 알통다리처럼 팽창되었으며, 키틴질로 된 내부골격 힘줄이 마치 스프링 같은 특별한 형태로 되어 있어 잘 도약한다. 몸길이 7㎜인 벼룩잎벌레가 70㎝를 도약해 자기 몸길이의 100배 이상을 도약하는 것으로 측정되었다.

도약하기에 좋게 발달한 뒷다리

벼룩잎벌레아과의 대다수 종들은 소형이며, 청색 또는 초록색, 흑색 또는 밝은 무늬가 있는 흑색이다. 우리나라에 서식하는 종들도 색상이 이와 유사하며, 대부분 크기가 2~3㎜로 소형지만 13㎜ 되는 대형종도 있다. 속명인 알티카(*Altica*)는 '도약하기에 좋다는 의미의 그리스어 'haltikos'에서 유래되었다. 일반 이름인 플리 비틀(flea beetle)도 실제 벼룩목의 트루 플리(true flea)와 유사한 어원으로, 도약하는 능력에서 유래되었다. 실제로 벼룩잎벌레들은 일부 벼룩종을 제외하고 모든 곤충뿐 아니라 모든 생물 가운데 가장 잘 도약한다. 벼룩잎벌레과라는 이름처럼 대부분 종들의 뒷다리의 넓적다리마디가 알통다리처럼 팽창되었으며 그 내부구조는 잘 도약할 수 있도록 키틴질로 된 내부골격 힘줄이 마치 스프링 같은 특별한 형태로 되었다.

발생계통학적으로 보면 잎벌레과 가운데 최근 분지된 그룹으로, 다른 아과들보다 긴더듬이잎벌레아과와 가장 유연관계가 높다. 벼룩잎벌레의 기원은 약 1억6,000만 년 전, 쥐라기 초기 곤드와나대륙에서

찾을 수 있다. 그 이후 백악기에 속씨식물의 폭발적인 번식과 함께 새로운 생태적 지위에 적응함으로써 급속하게 종 분화를 했다. 쥐라기 말기에 이미 뒷다리 퇴절이 도약하기 좋은 형태를 갖고 있었다. 화석은 바이칼호수와 아랄해 사이에 있는 카자흐스탄의 카라타우의 쥐라기층에서 발견되었다. 벼룩잎벌레아과는 모든 잎벌레아과 가운데 가장 큰 아과로 지금까지 세계적으로 560속 8,000종 이상이 알려졌다. 대부분의 속과 종들은 신열대구(220속)에 분포하며, 동양구(100속), 아프리카(65속), 신북구(45속), 구북구지역을 비롯해 전 대륙에 다양하게 서식하며 오스트레일리아에는 주로 고유종이 분포하는 것으로 알려졌다. 우리나라에는 32속 112종이 기록되었다.

대부분은 소식성이지만 일부 다식성도 있어

벼룩잎벌레류는 땅속에서부터 지표면, 해발 3,500m 산림에 이르기까지 다양한 공간에 서식한다. 대다수 속들은 먹이 선택성이 독특한 소식성이지만 일부 속은 전적으로 다식자들이다. 일부 종은 화학적 성분이 서로 밀접하게 연관성이 있는 과의 식물만을 먹는다. 예를 들면, 등줄벼룩잎벌레속은 십자화과와 목서초과, 풍접초과, 한련과, 카파리스카 식물을 먹는데 이러한 과에 속한 먹이식물에는 모두 십자화과 채소에 많은 채소의 향기 성분인 시니그린이 있다. 먹이식물 선택에서 가끔 다식성으로 나타나는 것은 가뭄과 같은 기후변화나 환경변화의 결과로 먹이식물을 양자택일해야 하거나 또는 우연한 섭식관계에 기인한 것이다. 이와 같은 2차 식물들은 피난처로 생각된다. 가뭄과 같은 불리한 기후변화의 결과로 정상 먹이식물이 일시적으로 소멸되기 때문에 이런 피난처가 필요해지는 것이다. 유럽에서는 참나무류, 포플러, 열대지역에서는 구아바 같은 과일나무들이 이와 같은 자연재해의 위협 속에서 어른벌레들이 살아남을 수 있도록 도움을 주는 것으로 알려졌다. 그러나 일반적으로 애벌레는 이런 2차 먹이식물을 먹지 않는다.

벼룩잎벌레의 대다수 종들은 육상생활을 하지만 플로리다와 남미 지역의 일부 종은 반 수서생활을 한다. 대다수 어른벌레들은 높이 잘 날 수 있으며 산림 정상부에 쉽게 이동해 정착할 수 있다. 그러나 많은 종들이 날개가 짧거나 매우 작고 심지어 퇴화되어 잘 날 수 없다. 날개가 없는 무리 가운데 눈은 퇴화되었지만 이상할 정도로 크고 강한 뒷다리 넓적다리마디 덕분에 잘 도약할 수 있는 종들이 있다. 이들은 지표에서 짧은 생활사를 보낸다. 날개가 없는 종에서도 수컷은 날개가 있는 경우가 있는데 번식기에 분산을 잘 하기 위한 것으로 생각된다.

1 벼룩잎벌레(*Altica* sp.) 애벌레 **2** 벼룩잎벌레(*Altica* sp.)에 의한 버드나무 피해

극동지역에 있는 어떤 종은 어른벌레시기도 땅속에서 보내며 애벌레 및 어른벌레시기 모두 다식성이다. 온대 및 열대 기후에 서식하는 벼룩잎벌레류는 계절 말기에 완전히 다른 식물을 먹는 경향을 보이기도 한다. 특히 우리나라뿐만 아니라 아시아에 분포하는 점날개잎벌레 어른벌레는 여러 종류의 식물 꽃가루를 먹는다. 이처럼 대다수 벼룩잎벌레아과는 환경과 먹이식물에 잘 적응해 왔으며 지하생활을 하는 애벌레는 어른벌레보다 다식성이다. 등줄벼룩잎벌레속 175종 가운데 약 70%인 122종의 먹이식물이 알려져 있지만 먹이식물에 대한 정보는 세계적으로, 지역별로 매우 불규칙하며 신열대구와 아프리카지역조차 큰 차이가 있다. 지금까지 쌍떡잎식물 100여 개 과와 외떡잎식물 16개과 이상이 주요 또는 2차 먹이식물로 알려졌다. 이 가운데 가지과, 십자화과, 풍접초과, 목서초과, 마편초과, 꿀풀과, 국화과 등이 가장 흔한 먹이풀이다.

아직까지 남미 열대우림 정상에 서식하는 대부분의 종들은 생태적으로 기록되거나 잘 알려져 있지 않다. 숲 정상부 식물종과 곤충종 사이의 관계를 규명할 수 있는 기술적인 조사방법을 확보하기도 전에 급속하게 사라지는 산림과 함께 풍부한 벼룩잎벌레류가 사라졌다. 휴면은 주로 알, 어른벌레로 하지만 일부는 번데기 전 단계 상태로도 한다.

천적 및 방어전략

포식자에는 선충류, 주둥이노린재과, 장님노린재과, 쐐기노린재, 노린재과, 병대벌레과 등이 알 또는 1령 애벌레를 포식하는 것으로 알려졌다. 무당벌레와 진드기는 주로 어른벌레를 잡아먹고, 먼지벌레과는 알, 애벌레, 번데기를, 개미는 애벌레, 번데기를 먹는 것으로 알려졌다. 물땡땡이과도 줄벼룩잎벌레속 애벌레를 포식하는 것으로 외국에서 보고되었다. 기생자들은 금좀벌류, 좀벌류, 총채벌류, 납작먹좀벌류, 고치벌류 등이 알려졌으며, 특히 자낭균류 가운데 라보울베니아(*Laboulbenia*)속의 34종이 피해를 주는 것으로 알려졌다.

벼룩잎벌레는 독성, 도약, 경계색과 관련이 있는 반사적인 출혈, 비행, 반사적으로 죽은척하면서 꼼짝도 하지 않는 행동 등으로 자신을 보호한다. 알을 보호하려는 본능의 하나로, 알벼룩잎벌레속의 일부 종은 잎에 작은 구멍을 만들어서 몇 개의 알을 낳은 후 갈색의 단단한 분비물로 막아서 천적이 포식하지 못하게 한다. 벼룩잎벌레속의 1령 애벌레는 장님노린재가 긴 주둥이로 자신의 몸을 탐색할 때 배 끝에 있는 갈고리로 먹이식물 잎을 단단하게 잡은 다음 강렬하고 빠르게 몸을 뒤로 획 움직인다. 이것은 애벌레의 잘 알려진 방어행동이다.

또 다른 벼룩잎벌레속 1령 애벌레의 방어행동은 다른 잎벌레 애벌레처럼 집단을 형성하는데 화학적인 방어물질과 경계색의 방어효과와도 관련이 있다. 넓적다리벼룩잎벌레류의 애벌레는 분비물로 몸을 완전히 덮는다. 대부분 벼룩잎벌레류 어른벌레들은 천적을 피하기 위해 매우 효과적인 방법으로 자주 도약능력을 발휘한다. 실제로 도약은 새들의 공격을 피하고, 비행하지 않고도 이동할 수 있는 효과적인 방법이다. 몸길이 7㎜인 벼룩잎벌레가 70㎝를 도약해 자기 몸길이의 100배 이상을 도약하는 것으로 측정되었다. 도약 후 멀리 날아가 지면에 떨어진 다음에는 잘 발견되지 않도록 꼼짝하지 않고 있다가 다시 먹이풀로 올라간다.

어떤 큰 종은 마치 쥐며느리처럼 몸을 둥글게 만들기도 한다. 자신을 잡아먹는 먼지벌레의 무늬를 모방해 천적으로부터 자신을 지키는 경우도 있다. 예를 들어, 독이 있는 벼룩잎벌레가 방해를 받았을 때, 독을 내거나 도약하지 않고 자신의 천적인 딱정벌레를 모방해 움직이지 않고 죽은척한다. 포식자를 피하는 데 효과가 높은 모델종이 있으면 무늬를 모방해 자신을 보호할 수 있다. 냉동처리를 해서 맛이 없는 벼룩잎벌레와 무늬가 유사한 다른 종과 무늬 차이가 확실하게 나는 다른 종에 대해 병아리가 보이는 반응을 살펴본 포식자 반응실험의 경우를 예로 들 수 있다. 그 결과 유사한 무늬를 기피하는 효과가 확실하게 높은 것으로 나타났다. 즉, 서로 다른 종에 있어서 무늬나 빛 등 경계색이 비슷하면 미숙한 포식자가 잡아먹기 어렵게 되는 뮐러 의태(Mullerian mimicry) 효과를 보여준다.

황갈색잎벌레와 흰색 진을 내는 박주가리

알, 애벌레 및 번데기 단계

알은 토양 틈새, 잎 뒷면, 가지 등에 여러 개씩 덩어리로 낳는다. 일부 종은 배설물을 접착제로 사용해 알을 단단하게 부착시키는데, 넓적다리벼룩잎벌레속의 종은 알은 10개씩 꾸러미로 낳으며 배설물로 견고하게 붙인다. 대다수 종들이 먹이식물 잎에 산란하지 않지만 꼬마벼룩잎벌레속의 종은 애벌레가 다 자랄 때까지 먹이식물 새싹에 알을 낳는다.

벼룩잎벌레아과 애벌레와 긴더듬이잎벌레아과 애벌레를 구별하기는 쉽지 않으며 벼룩잎벌레아과는 낱눈이 없고 더듬이는 하나 또는 두 개의 체절로 되었다. 애벌레 크기는 4~14㎜로 종에 따라 다양하며 배는 9~10번째 배마디로 되었다. 10번째 배마디는 흔히 납작한 원판 모양이며 꼬리다리로 사용된다. 9마디 등판은 둥근 모양으로 뚜렷하거나 센털이 있는 단단한 판 모양으로 돌출되었다. 굴을 파는 무리 중에는 다리가 매우 작고 잘 분리된 종이 있다.

애벌레는 머리, 앞가슴, 9번째 배마디를 제외하고는 대개 백색이지만 굴을 파거나 잎 외부를 먹는 애벌레는 색소가 있으며, 특히 머리에 많다. 애벌레는 먹이식물 잎 속에 굴을 파거나 잎, 열매, 줄기, 꽃받침, 꽃과 새싹, 뿌리를 먹는다. 공벼룩잎벌레, 통벼룩잎벌레, 알벼룩잎벌레, 벼룩잎벌레, 둥글잎벌레 애벌레는 잎에, 긴벌벼룩잎벌레속의 일부 종은 과일에, 털다리벼룩잎벌레와 줄벼룩잎벌레속은 줄기, 꽃받침, 꽃, 새싹에 굴을 판다. 콩알벼룩잎벌레속의 일부와 홀쪽잎벌레는 지하생활을 하며 뿌리를 먹는다.

벼룩잎벌레속의 애벌레는 잎에서 자유생활을 하지만 일부는 식물의 줄기, 꽃받침, 꽃, 새싹에 굴을 판다. 또 잎에서 줄기, 줄기에서 뿌리로 이동하기도 하고, 일부 종은 줄기 내부나 잎에 굴을 파고 살기도 한다. 대부분 애벌레는 땅속 생활을 하며 뿌리를 먹지만, 뿌리 표피층만 씹어 먹는 종, 잔뿌리를 먹는 종, 뿌리 속에 굴을 파는 종 등 다양하다. 벼룩잎벌레 애벌레는 잎의 가장자리부터 먹기도 하지만 대다수 종들이 잎의 얇은 부분에 구멍을 내면서 먹거나 두꺼운 부분을 마치 투명한 창문처럼 만들어놓는다.

대다수 어른벌레들도 유사한 방법으로 식물을 먹는다. 애벌레는 낮에 빛을 피하기 위해 주로 잎 뒷면에서 생활하거나 자신의 배설물로 만든 검고 광택이 있는 막을 뒤집어쓰고 살기도 한다. 아시아 여러 벼룩잎벌레류 가운데 어른벌레와 애벌레 시기 모두 땅속에서 사는 종이 있지만 정확한 생활사가 아직 밝혀져 있지 않다. 번데기 과정은 일반적으로 지하 고치 속에서 일어난다. 번데기는 백색, 우윳빛 백색, 황색, 오렌지색, 연한 초록색과 황색의 혼합색이다. 머리와 몸 등에는 센털이 있으며 배 쪽은 광택이 있다. 더듬이 각 마디에는 작은 돌기가 있다. 배 끝부분에 돌기가 한 쌍 있으며 간혹 퇴화된 경우도 있다. 마지막 애벌레의 허물이 붙어 있는 상태로 잎 위에서 번데기가 되거나 땅속 얇은 고치 속 또는 흙으로 만든 방 속에서 번데기가 된다. 고치는 접착력이 있는 분비물로 잎에 붙어 있으며 먹이식물 줄기 내부에 구멍을 만들거나 토양 속에 방을 만든다.

경제적 피해

외국에는 농작물에 심각한 해충으로 알려진 종들이 많이 있다. 미국에서는 담배, 감자, 오이, 가지, 토마토, 포도에 피해를 끼치고 애벌레는 주로 뿌리를 공격한다. 심지어 일부 종은 먹이풀을 먹을 때 식물 바이

1~2 발리잎벌레에 의한 깨풀 잎 피해

러스병을 옮기기도 하는데 특히 옥수수에 스튜어트 질병을 옮기는 종도 있다. 우리나라에서는 배추나 무에 피해를 주는 배추벼룩잎벌레가 유명하다. 한편 잡초를 제거하는 데 유용한 생물방제자 역할을 하기도 하는데 캐나다에서는 엉겅퀴를 제거하는 데 벼룩잎벌레를 활용하고 있다. 특히 북미지역에서는 벼룩잎벌레를 활용해 다년생 수생식물인 엘리게이터 잡초를 제거하는 데 성공을 거두고 있다.

노랑꽃이 피는 산골국화속의 잡초는 유럽에서 캐나다까지 분포하는데 독성이 강해 소나 말들이 먹고 마비되거나 심지어 죽기까지 한다. 긴발벼룩잎벌레속을 활용해 이 잡초를 제거한 것은 생물학적 방제의 성공적인 사례다. 북미에서는 또 애벼룩잎벌레류를 활용해서 흰대극을 생물학적으로 관리하고 있다. 아프리카에 사는 디암피디아(*Diamphidia*), 폴리클라다(*Polyclada*) 속의 종들은 독성이 매우 많아 아프리카 칼라하리지역에서는 독화살을 만드는 데 이 속의 벼룩잎벌레 애벌레와 번데기를 사용하고 있다.

우리나라 벼룩잎벌레류

왕벼룩잎벌레(*Ophrida spectabilis* Baly)는 몸길이 9~13㎜로 우리나라 벼룩잎벌레아과 가운데 가장 크다. 일반적으로 둥근 장타원형이며 매우 볼록하다. 전체적으로 광택이 있는 적갈색이며 날개에 불규칙한 무늬가 2개 있다. 더듬이는 황갈색인 기부 4마디를 제외하고는 흑색이다. 날개는 적갈색이나 큰 황색 무늬 2개가 기부와 끝부분에 있으며 작은 사각형 무늬가 중앙에 있다. 배와 다리도 적갈색이다. 더듬이는 몸길이의 절반가량 된다. 날개 점각은 11줄이며 규칙적으로 세로로 나 있다. 다리는 길쭉하며 가운뎃다리 종아리마디는 바깥쪽으로 돌출되었다. 뒷

단색둥글잎벌레

왕벼룩잎벌레

다리 종아리마디 끝에 가시가 있고 발톱은 2개다. 전국적으로 분포하며 어른벌레는 5월 하순부터 9월 중순까지 붉나무 잎에서 관찰할 수 있다. 한국(중부, 남부), 중국, 대만 등에 분포한다.

둥글벼룩잎벌레(*Hemipyxis flavipennis* Baly)는 몸길이 3.5~5㎜로 일반적으로 장방형이며 볼록하다. 체색은 전체적으로 광택이 있고 전흉배판은 흑색이고 날개는 황갈색이다. 두부는 암적갈색이며 앞 부근 후반부는 흑색이다. 더듬이는 흑갈색인 기부 2마디를 제외하고는 흑색이다. 배는 황갈색이다. 다리도 붉은 흑색이다. 다리는 길쭉하며 뒷다리 종아리마디는 끝부분에 짧은 가시가 있고 발톱에 부속물이 있다. 한국(남부), 중국남부, 일본 등에 분포한다.

벼룩잎벌레(*Phyllotreta striolata* Fabricius)는 몸길이 2~2.5㎜로 전반적으로 흑색이다. 날개에는 폭이 넓고 만곡된 황갈색 세로 줄무늬가 1개씩 있다. 더듬이는 흑색이지만 기부 3마디는 적갈색이다. 다리는 적갈색이나 넓적다리마디는 흑색이다. 어른벌레는 3월 하순부터 11월까지 십자화과 식물의 채소와 잡초에서 발견된다. 4월경에 가늘고 긴 황색 알을 땅속에 낳는다. 애벌레는 뿌리를 먹으며, 3령으로 노숙애벌레가 되면 땅속에서 번데기가 된다. 알, 애벌레, 번데기 기간은 각 1주, 2~3주, 1~2주다. 어른벌레의 수명은 50~100일이며, 연 2~3세대 발생하고 어른벌레로 월동한다. 주로 배추, 무 등에 해를 끼치는 해충으로 알려졌다. 한국(전국), 일본, 중국, 대만, 러시아, 베트남, 타일랜드, 수마트라, 유럽, 북아메리카 등에 분포한다.

점날개잎벌레(*Nonarthra cyaneum* Baly)는 몸길이 3.2~4㎜로 알 모양이며 약간 볼록한 편이다. 전체적으로 광택이 있는 짙은 청색 또는 자색을 띤 청색이다. 날개의 점각은 강하고 조밀하다. 배는 황갈색이나 1배

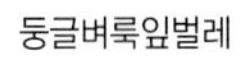

둥글벼룩잎벌레

둥글벼룩잎벌레
다리무늬침노린재에 희생당하고 있다.

벼룩잎벌레

점날개잎벌레
흰점박이꽃바구미와 함께 개망초 꽃가루를 먹고 있다.

마디는 붉은색이 도는 흑색이다. 더듬이는 8마디이며 4번째 배마디부터는 삼각형이다. 먹이식물은 매화오리나무다. 3월 하순에서 11월 초순까지 각종 꽃에서 볼 수 있으며, 월동 어른벌레는 5월 초순에 산란을 시작해, 둥근 황백색 알을 낳는다. 애벌레는 삼목의 이끼류를 먹으며 성장하고, 자극을 받으면 방어선에서 투명한 액체를 분비한다. 성숙한 애벌레는 땅속에 들어가 번데기가 된다. 연 1회 발생하며 어른벌레로 월동한다. 한국(전국), 일본, 중국, 대만 등에 분포한다.

황갈색잎벌레(*Phygasia fulvipennis* Baly)는 몸길이 5~6㎜로 길쭉하고 약간 볼록한 편이다. 더듬이, 머리, 가슴 등판 및 다리는 흑색이지만 날개는 황갈색이다. 시초 점각은 전흉배판 점각보다 강하며 불규칙적으로 나 있다. 측면에는 좁게 세로로 난 융기부가 어깨에서부터 날개 끝 부근까지 이어져 있다. 먹이식물은 박주가리다. 어른벌레는 5~6월에 초지에서 발견된다. 6월경에 등황색 장타원형 알을 뭉쳐서 지표면에 낳는다. 알에서 깨어난 애벌레는 뿌리를 먹는다. 한국(중부, 남부), 일본, 중국 등에 분포한다.

보라색잎벌레(*Hemipyxis plagioderoides* Motschulsky)는 몸길이 3.8~5㎜로 약간 볼록한 장타원형이다. 일반적으로 머리와 가슴은 흑색이고 날개는 흑청색이다. 날개의 점각은 약하게 나 있다. 먹이식물은 질경이다. 월동한 어른벌레는 5~6월에 적황색 알을 잎 표면에 낳는다. 알, 애벌레기간은 각각 7일, 25일 정도다. 연 1회 발생한다. 한국(남부, 중부), 미얀마, 중국, 시베리아, 일본 등에 분포한다.

검정배줄벼룩잎벌레(*Psylliodes punctifrons* Baly)는 크기 3㎜로 볼록하고 긴 장타원형이다. 등은 전체적으로 어두운 녹청색이며 배는 모두 흑색이다. 기주는 십자화과 식물이다. 월동한 어른벌레는 4월에 출현해 4

황갈색잎벌레
박주가리 잎을 먹고 있다.

보라색잎벌레

월 중순에 산란한다. 알은 잎 기부에 한 개씩 낳는다. 애벌레는 4월 하순경에서 6월 초순에 걸쳐 잎 속으로 들어가 먹고, 잎 밖으로 나왔다가 다시 들어가기도 한다. 5월 하순에서 6월 초순경에 성숙한 애벌레는 땅속으로 들어간다. 5월 하순에서 6월 중순에 걸쳐 번데기가 되며, 6월 상순에서 하순에 걸쳐 우화한다. 7월 중순에서 9월 상순까지 잡초 사이에서 여름잠을 자고 9~11월에 다시 먹이활동을 한 후, 잡초나 낙엽 밑에서 월동한다. 한국(전국), 일본, 중국, 대만, 스마트라 등에 분포한다.

발리잎벌레(*Altica caerulescens* Baly)는 몸길이 3.2~4.3㎜로 길쭉하다. 전체적으로 흑청색이며 날개는 평활하고 광택이 있다. 먹이식물은 깨풀이다. 어른벌레는 3~11월에 걸쳐 밭둑 깨풀에서 발견된다. 애벌레는 5~9월에 걸쳐 나타난다. 알, 애벌레, 번데기 기간은 각각 7일, 14일, 4일 정도다. 한국(남부), 일본, 중국, 타이완, 인도 등에 분포한다.

털다리벼룩잎벌레(*Chaetocnema kimotoi* Gruev)는 몸길이 1.8~2.2㎜로 약간 파랑색을 띤 흑색이다. 다리는 적갈색이지만 넓적다리는 흑색이다. 더듬이 3~4마디까지는 적갈색이나 나머지 마디들은 흑색이다. 딱지날개에는 규칙적으로 9줄의 점각이 있고 점각줄 사이는 부풀어져 있다. 지금까지 한국(북부)에만 분포한다.

발리잎벌레
깨풀 잎을 먹고 있다

털다리벼룩잎벌레

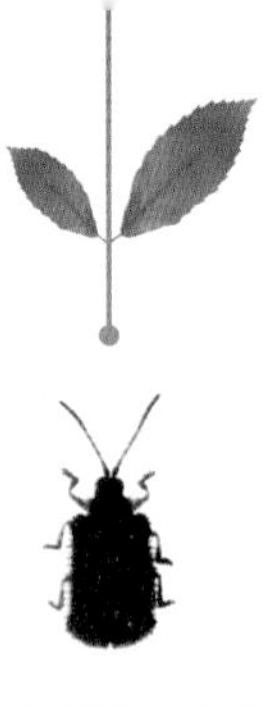

가시잎벌레아과

Hispinae

온몸에 가시 돋친 납작한 무리

노랑테가시잎벌레

납작한 몸에 가시 같은 돌기가 돋은 가시잎벌레들은 잎에 굴을 파고 사는 종이 많다. 우리나라에는 노랑테가시잎벌레속, 검정가시잎벌레속, 가시잎벌레속 3속에 8종이 있다. 가시잎벌레들은 기본적으로 외떡잎식물을 먹었으나 후에 여러 쌍떡잎식물에 적응해온 것으로 여긴다. 생김새와 잎 속에 굴을 파고 지내는 습성 때문에 다른 잎벌레에 비해 천적에 의한 피해는 적지만, 수중다리좀벌의 기생에는 많은 영향을 받는다.

• •

가시잎벌레의 기원은 열대지역이며 온대지방으로 조금씩 확산되어 전 세계적으로 서식하지만 뉴질랜드에는 분포하지 않는다. 열대지역에서도 고도 2,000m 이상에는 분포하지 않는다. 따라서 이 곤충들은 그들의 먹이식물보다 추위에 내성이 약한 것으로 보인다. 아메리카, 아시아 지역의 종들은 벼과, 사초과, 생강과, 난초과, 야자나무과, 파초과 등 외떡잎식물을 선호하는 것으로 알려졌다. 쌍떡잎식물을 먹이로 삼는 종이 매우 적은 것은 이들이 신생대 3기 때 외떡잎식물에서 쌍떡잎식물로 먹이를 바꾼 생태진화와 관련 있는 것으로 추정한다. 전 세계적으로 3,000여 종이 알려졌으며 지금까지 가시잎벌레 화석은 러시아와 폴란드의 신생대 시신세와 올리고세 사이 지층 호박에서 주로 발견되었다.

우리나라에서는 노랑테가시잎벌레속(*Dactylispa*), 검정가시잎벌레속(*Rhadinosa*), 가시잎벌레속(*Hispellinus*) 3속에 8종이 있다. 노랑테가시잎벌레속은 더듬이 첫째 마디에 가시가 없는 것이 특징이다. 가시잎벌레 가운데 우리나라에서 가장 흔한 노랑테가시잎벌레는 몸길이가

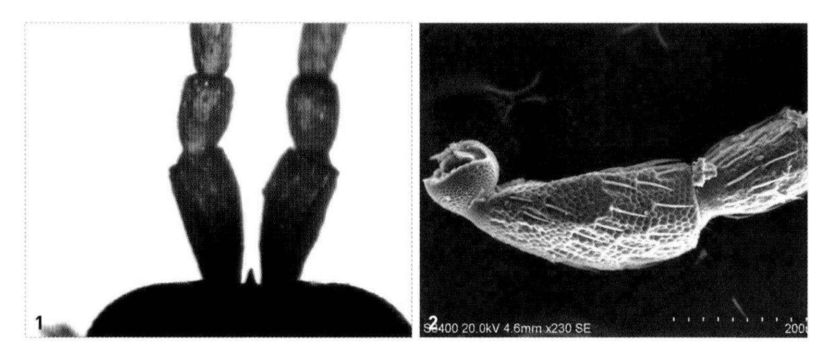

1 노랑테가시잎벌레. 더듬이 첫째 마디에 가시가 없다 **2** 더듬이 첫째 마디에 가시가 없는 것이 특징이다 (전자현미경사진).

3.3~4.2㎜로 우리나라 가시잎벌레 가운데 가장 작다. 앞날개 옆 가장자리에는 가시가 26~28개 있으며 길이와 형태가 거의 같다. 등은 어두운 적황색이지만 가시와 돌출부, 아랫면은 흑색이다. 어른벌레는 주로 5~8월에 활동하지만 제주도에서는 4월에도 보이며 전남지역에서는 10월에도 채집되고 있다.

일본에는 어른벌레의 먹이식물이 벚나무, 애벌레는 졸참나무, 산박하, 벚나무, 졸참나무, 꿀풀 등으로 알려졌지만, 우리나라에서는 주로 억새류와 쑥에서 채집되고 있다. 어른벌레로 월동해 4월 초에 출현하며, 초여름에 졸참나무 잎에 알을 낳는다. 애벌레는 잎에 굴을 파는 잠엽성이며 굴 안에서 번데기가 된다. 새로운 어른벌레는 7~8월에 발견되고 초가을에 짧은 휴면기를 갖는다.

삐죽삐죽 독특한 생김새

가시잎벌레는 전반적으로 몸이 납작하고 길쭉하며, 몸길이는 3~7㎜로 잎벌레 가운데 중간 크기에 해당한다. 이름처럼 몸 전체에 긴 가시나

가시 모양의 돌기 또는 등에 다양한 모양의 융기부가 있어 생김새가 매우 독특하다. 특히 앞날개 옆면에는 가시처럼 생긴 돌기가 많이 나 있다. 반면 어떤 무리는 몸에 가시나 돌기가 없이 매끈하다.

머리는 가슴에 비해 작으며 홑눈 4~6개는 뚜렷하지만 퇴화되거나 검은 점으로 남아 있는 경우도 있다. 보통 다리는 몸에 비해 매우 짧으며 식물에 잘 부착할 수 있도록 부절마디가 넓고 가늘며 미세한 털이 매우 많이 나 있다. 하늘소처럼 마찰발음기관이 있으며, 머리 뒤쪽에 아주 미세한 돌기와 앞가슴등판 내부에 빨래판처럼 나 있는 융기선들을 서로 마찰시켜 소리 낸다. 음높이 2~3도이며 서로 교신이나 경고에 이용한다.

등에 가시가 없고 매끈한 종들은 외떡잎식물 잎 끝에 적응해 이런 식물의 심장이라고 할 수 있는 부드럽고 영양이 많은 부위에서 생활한

검정가시잎벌레. 발바닥 감각털을 관리하고 있다.

다. 쌍떡잎식물은 그러한 영양을 제공하지 못한다. 가시가 있는 종들은 몸이 매끈한 종들보다 뒤늦게 발생한 최근종으로 주로 쌍떡잎식물을 먹는다. 이들은 국화과 식물에 적응하면서 진화하는 것으로 생각된다. 기본적으로 가시잎벌레는 외떡잎식물을 먹으며 후에 여러 쌍떡잎식물에 적응해가고 있는 것으로 보인다.

잎에 굴을 파는 애벌레들

영어권에서 리프 마이닝 리프 비틀(Leaf-Mining Leaf Beetle)이라 불리듯이 대다수 종들이 애벌레단계 때 먹이식물 잎에 굴을 파고 사는 잠엽성 곤충이다. 자유 생활을 하는 일부 종의 애벌레는 식물의 성장점을 먹는다. 어떤 종들은 잠엽성에서 잎 표면으로 나와 자유롭게 활동하는 등 생활사를 바꾸기도 한다. 어른벌레는 몸에 날카로운 긴 가시가 있고 애벌레는 잎 속에서 생활하므로 다른 곤충들보다 천적들로부터 자신들을 잘 보호할 수 있다.

일부 종들은 농업분야 주요 해충으로 벼, 옥수수, 사탕수수, 대나무, 야자나무에 피해를 준다. 미국에서는 수목에 심각한 해충으로 여긴다. 피해 받은 작은 잎은 끝부분 절반가량에 불규칙한 반점이 나타나며, 심한 피해를 입은 잎은 낙엽이 되어 떨어진다. 대다수 종들이 벼과, 닭의장풀과, 천남성과, 생강과, 사초과, 난초과, 파인애풀과 등 외떡잎식물을 먹지만 나머지는 참나무과, 피나무과, 자금우과, 아욱과, 국화과, 마편초과 등과 같은 쌍떡잎식물을 먹는다. 지금까지 37과 식물이 먹이식물로 알려졌다. 기주특이성이 강하지만 노랑테가시잎벌레속(*Dactylispa*)에 속하는 종들은 주로 벼과식물과 관련 있다. 우리나라에 서식하는 가시잎벌레는 1년에 1회 발생하지만 열대지역에서는 6회 발생하는 종도 있다.

가시잎벌레 어른벌레는 대부분 야행성이며, 잎의 연한 조직을 먹으며 세로로 흰 줄 모양의 흔적(식흔)을 남긴다. 굴을 파지 않는 어른벌레나 애벌레는 나오려는 새싹에 살며 피해를 끼쳐 낙엽이 되게 하는 상황을 초래한다. 잎에 굴을 파는 가시잎벌레는 잎 윗면에 산란하는 일부 종을 제외하고는 잎 아랫면에서 활동하며 아랫면에 산란한다.

애벌레의 색깔은 주로 백색, 황색, 초록색 등 밝은 색이지만 머리, 가슴등판, 8번째 배마디는 암갈색이다. 애벌레의 여덟째 기문은 잘 발달했으며 등 쪽으로 위치한다. 8번째 배마디의 등 쪽에 돌기가 없는 것이 가시잎벌레 애벌레의 특징이다. 성숙한 애벌레는 대부분 크기가 5~10㎜이지만 일부 종은 더 크다. 애벌레는 생활 방식은 크게 4가지 형태이며, 외떡잎식물의 잎이 서로 겹쳐진 곳이나 새로운 어린잎이 겹쳐진 곳에서 사는 무리, 초본이나 관목의 줄기를 파고들어가 사는 무리, 잎에 굴을 파고 사는 무리, 극소수이지만 잎에서 자유생활을 하는 무리로 나눈다. 전체적으로는 어린잎에 굴을 파고 사는 종들이 대부분이고 일부만 줄기에 굴을 파고 산다.

미국에 분포하는 일부 종은 남생이잎벌레처럼 방어 수단으로 자신의 등에 배설물이나 탈피허물을 지고 다닌다. 인도에 있는 종은 어른벌레처럼 코코넛 나무 어린잎에서 어른벌레와 같이 활동한다. 애벌레는 자기가 만든 잎 터널 속에서 조용히 있다가 잎 속의 다른 절개 부위에서 번데기가 되지만 가끔 터널 속에서 번데기가 되기도 한다. 터널 속에서 우화한 어른벌레는 잎 윗면을 먹으며 밖으로 나온다.

잎 속에 사는 애벌레의 습성이나 어른벌레의 형태적 특징으로 인해 다른 잎벌레들과는 달리 개미에 의한 피해는 없는 것으로 알려졌다.

주로 가시잎벌레 알집에 산란하는 수중다리좀벌에 의해 가시잎벌레 개체군이 조절된다. 무늬좀벌류, 외줄좀벌류는 애벌레 기생자로 애벌레가 서식하는 터널 안에 산란하며 번데기에도 피해를 준다. 주로 마지막 애벌레단계 때 약 75%가 기생 당해 피해를 입는 것으로 알려졌다.

우리나라 가시잎벌레류

안장노랑테가시잎벌레(*Dactylispa excisa* Kraatz)는 몸길이 4.2~4.6㎜다. 우리나라에서 채집 개체수가 적은 편이며 마치 말안장처럼 몸 앞부분과 뒷부분이 매우 넓게 팽창되어 중앙부가 수축된 것처럼 보인다. 몸 색깔은 윗면이나 아랫면이 전체적으로 흑색이나 배 부분은 적갈색이다. 앞날개 옆 가장자리 가시는 넓고 납작하며 삼각형이다. 한국(중부, 남부), 중국, 대만 등에 분포한다.

우리노랑테가시잎벌레(*Dactylispa koreana* An et al)는 1982년 치악산에서 채집된 개체가 1985년에 신종으로 처음 보고되었으며 최근 경북 보현산에서도 채집되었다. 노랑테가시잎벌레속에 속하는 다른 종은 앞가슴 측면에 가시가 3개 있으나 이 종은 5개다. 몸길이는 약 5.5㎜이며 뒤쪽으로 점차 넓어지는 사각형이다. 가장자리는 가시 길이만큼 팽창되었고 가시는 길고 짧은 것이 서로 교대로 나 있다. 앞날개 옆면 가시는 길고 짧은 것이 각각 11개씩 교대로 나 있다. 지금까지 한국(중부, 남부)에 있는 것으로 알려졌다.

큰노랑테가시잎벌레(*Dactylispa masonii* Gestro)는 몸길이 5~5.2㎜로 노랑테가시잎벌레보다 크며, 앞날개 측면 가장자리에는 길이가 불규칙한 가시가 15개 있다. 돌기와 가시는 흑색이나 몸은 어두운 적갈색이다. 어른벌레는 4~7월에 관찰되며 먹이식물은 머위, 쑥부쟁이로 알려졌

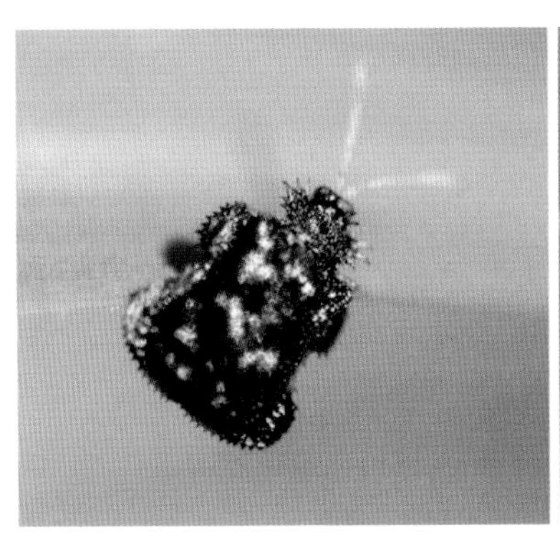

안장노랑테가시잎벌레

사각노랑테가시잎벌레

우리노랑테가시잎벌레
우리나라 고유종이다.

큰노랑테가시잎벌레

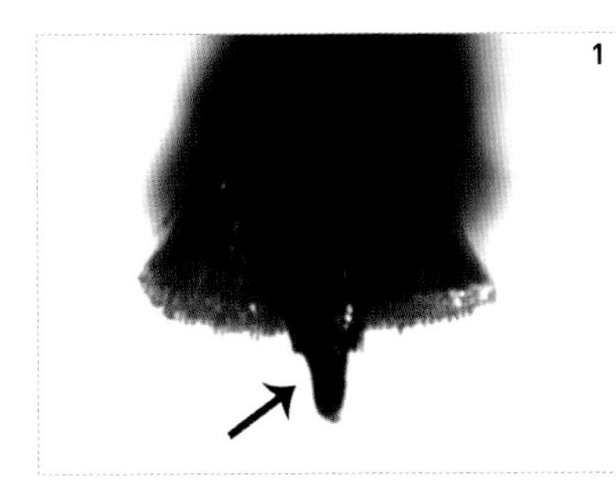

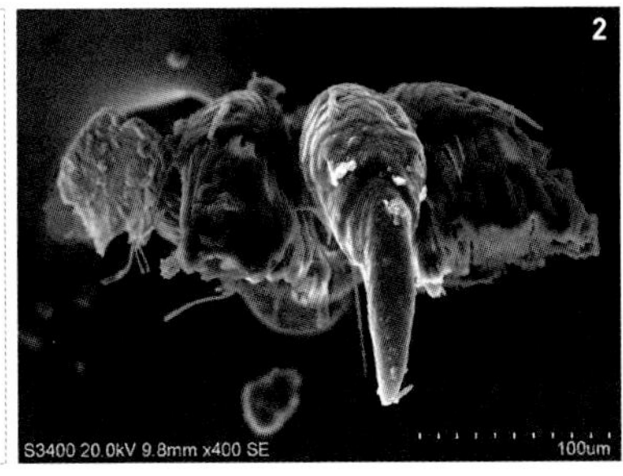

가시잎벌레속
1 발톱이 1개다. **2** 발톱(전자현미경사진)

다. 알을 먹이식물의 잎 가장자리에 낳는다. 한국(중부, 남부), 일본, 시베리아, 중국 등에 분포한다.

사각노랑테가시잎벌레(*Dactylispa subquadrata* Baly)는 몸길이 4.5~5.6㎜이며 전체적으로 광택이 있는 흑색이다. 앞날개 가장자리는 앞뒤로 넓게 돌출되어 사각형처럼 보인다. 가장자리 가시는 넓고 납작한 삼각형이다. 어른벌레는 4~10월에 먹이식물인 졸참나무에서 발견되며, 월동한 어른벌레는 5월 중순에서 하순에 잎 끝 부분에 알을 1개씩 낳는다. 잎 속에서 터널을 파며 먹은 흔적이 넓은 선 모양이다. 애벌레는 터널 안에서 성장하며, 7월 중순에서 하순에 번데기가 되고 며칠 뒤 우화한다. 한국(중부, 남부), 일본, 중국 등에 분포한다.

검정가시잎벌레(*Rhadinosa nigrocyanea* Motschulsky)는 몸길이 4.2~4.5㎜로 부절 발톱이 1쌍 있는 것이 특징이다. 다소 납작한 긴 사각형이며 광택 있는 흑색이다. 앞가슴 앞에는 2개로 분지된 가시가 1쌍 있는데 거의 똑바르며 1개는 훨씬 길다. 옆에는 2개 및 1개의 가시가 각 1쌍 있다. 앞날개 측면 가장자리에는 가시가 22~23개 있다. 먹이식물은 참억새다. 한국(중부, 남부), 일본, 동부 시베리아, 중국, 해난도 등에 분포한다.

가시잎벌레(*Hispellinus moerens* Baly)는 몸길이 4.2~4.5㎜이며 앞가슴 가시는 모두 거의 수평 방향이다. 앞날개 가장자리 가시는 18~26개다. 가시잎벌레속에 속하는 종들은 각 부절 발톱이 1개다. 가시잎벌레와 참가시잎벌레는 매우 유사하다. 한국(남부), 일본, 중국, 대만, 시베리아 동부 등에 분포한다.

참가시잎벌레(*Hispellinus chinensis* Gressitt)는 몸길이 5㎜로 가시잎벌레보다 크며 앞가슴의 가시, 특히 앞부분의 가시가 다소 비스듬하게 위로 향했다. 앞날개 가장자리 가시는 21~24개다. 한국(북부, 남부), 중국 등에 분포한다.

검정가시잎벌레

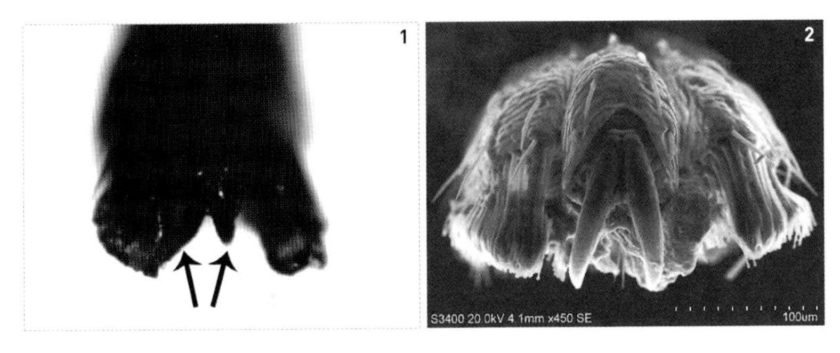

검정가시잎벌레
1 부절발톱이 2개다. **2** 발톱(전자현미경사진)

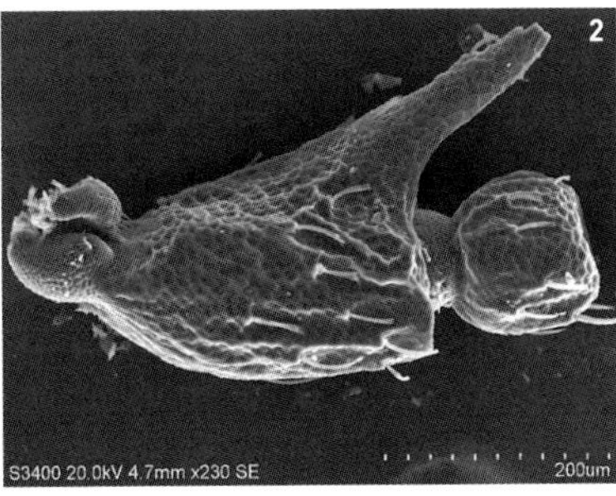

가시잎벌레
1 더듬이 첫째 마디에 가시가 있다. **2** 더듬이 첫째 마디(전자현미경사진)

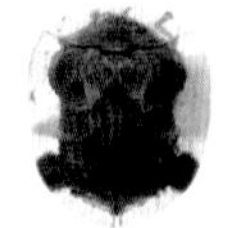

남생이잎벌레아과

Cassidinae

남생이를 닮은 무리

모시금자라남생이잎벌레

물속에 사는 파충류인 남생이처럼 등이 넓적하고 볼록한 남생이잎벌레들은 우리나라에 약 23종이 사는 것으로 알려졌다. 애벌레들은 자신의 똥이나 허물을 등에 지고 다니며 위장하고 화려한 어른벌레는 체색을 바꾸는 등 위장술도 뛰어나다. 그래도 그들을 위협하는 천적은 너무 많다.

• •

남생이잎벌레는 가시잎벌레아과와 매우 가까우며, 독일 바바리아 지방의 후기 쥐라기 지층인 졸렌호펜(Solenhofen) 석회암에서 처음 화석이 발견되었다. 전 세계적으로 159속 2,760여 종이 알려졌으며, 우리나라에서는 금자라남생이잎벌레속(*Aspidomorpha*), 남생이잎벌레붙이속(*Glyphocassis*), 남생이잎벌레속(*Cassida*), 큰남생이잎벌레속(*Thlaspida*) 등에 23종이 알려졌다.

애벌레와 어른벌레 모두 다른 잎벌레아과들과는 생김새가 매우 다르다. 어른벌레는 파충류인 남생이와 생김새가 비슷하다. 딱지날개가 긴 타원형으로 크고 넓으며, 등은 매우 볼록하다. 앞가슴등판 가장자리가 무척 넓다. 그래서 위에서 봤을 때 넓은 가슴판에 가려 머리와 다리가 보이지 않는다. 발바닥에는 털이 매우 많고 발목마디 털의 끝 바닥이 오일 같은 분비물로 젖어 있어서 식물에 달라붙어 잘 떨어지지 않는다. 우리나라 남생이잎벌레들의 크기는 4.5~8.5㎜로 소형종이 많고, 화려한 황금색에서부터 검은 무늬가 있거나 전체가 초록색인 종에 이르기까지 체색도 다양하다. 종에 따라 서식지가 제한적이지만 전국에 분포하며 전 세계적으로도 광범위하게 분포한다.

먹이식물에 꼭 붙어 지낸다

남생이잎벌레들의 먹이식물은 다른 잎벌레들 것 보다 잘 알려졌다(52%). 그것은 남생이잎벌레가 주로 먹이식물에 붙어 지내는 습성 때문이다. 일부 종은 뒷날개가 퇴화했거나 작아서 잘 날 수 없는데도 번식을 위해서는 이동을 잘 해 나무나 풀에서 군집을 이룬다. 비행능력이 떨어지기 때문에 위협을 느끼면 식물 밑으로 빨리 떨어지며 천적에게 발견되면 죽은척한다.

잎벌레들은 키가 작은 나무나 풀에 주로 살며 큰 나무에는 살지 않는다. 우리나라 남생이잎벌레속의 종들은 명아주, 쑥, 고마리 등을 금자라남생이잎벌레속은 고구마속, 서양메꽃속, 밤메꽃속, 메꽃속의 식물을, 큰남생이잎벌레속은 작살나무속, 물푸레나무속 등의 식물을 먹는다. 남생이잎벌레들은 한 식물만 먹는 종이 많으며, 먹이식물에 모이는 습성이 있어서 외국에서는 잡초방제를 위한 연구가 많았다. 대다수 남생이잎벌레들은 유독성 화학물질이 있는 식물을 먹는다.

1~3 큰남생이잎벌레가 좀작살나무 잎을 먹은 흔적

일반적으로 잎벌레아과 어른벌레는 알을 낳은 뒤 알부터 애벌레 단계까지 보호하지만 중남미의 남생이잎벌레 암컷은 알, 애벌레, 번데기까지 지키고 돌보는 반사회생활을 한다. 3~4주 보호기간 동안 어른벌레는 먹이를 먹지 않고 잎 표면에 있는 작은 물방울만 먹는다. 또 아마존에는 포식자나 기생자를 방어하기 위해 하늘소처럼 머리를 위 아래로 움직여 머리와 앞가슴 앞가장자리를 비벼서 소리 내는 종도 있다.

알에서 번데기까지, 위험 회피가 우선

암컷은 잎 아랫면에 알을 하나씩 낳거나 배설물로 덮어 위장시키지만 대부분 덩어리 모양 알집으로 낳는다. 알집은 알을 숨기기도 하지만 화학적, 물리적 장벽 역할을 한다. 알집은 잎이나 줄기에 붙이며, 애벌레가 깨어 나오기 좋게 출구를 위쪽으로 향하게 한다. 알은 단단한 난각이나 배설물 또는 비늘 같은 보호막으로 덮여 있다.

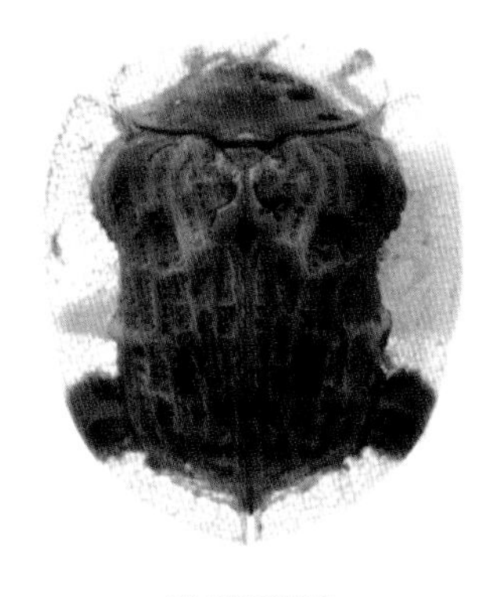

큰남생이잎벌레

다 자란 애벌레는 6~15㎜의 긴 타원형으로 다소 납작하며, 백색, 황색, 오렌지색, 또는 초록색이다. 몸 옆 가장자리를 따라 길이와 수가 다양한 가시 같은 돌기들이 있으며, 이것이 감각기관 역할을 해 자극을 느낀 돌기 부근의 몸을 보호막으로 덮는다. 배 끝마디에는 포크 모양 돌기가 몸 위쪽 방향으로 나 있으며 배설물이나 탈피 허물을 지탱하는 역할을 하지만 일부 종들은 단순하거나 1쌍으로 돌출된 경우도 있다.

애벌레는 배설물을 자신이 원하는 부위에 바르거나 모양도 다양하게 만들 수 있다. 보통 오래된 허물과 배설물을 등에 지고 다니며 자신을 보호한다. 등에 진 배설물 모양은 다양하며, 종이나 속을 구별하는 특징으로도 활용된다. 다 자란 애벌레는 이런 허물이나 배설물 속에서 번데기가 되며, 이것이 건조나 비로부터 보호해 주고, 특히 개미의 공격을 막는데 아주 효과적이다.

알을 모아서 낳기 때문에 애벌레들은 대부분 군집생활을 한다. 독립된 알에서 부화한 애벌레는 군집생활을 하지 않으며, 일부 종들은 잎에 굴을 파고 산다. 군집생활을 하는 것은 천적으로부터 유리한 면이 있다. 먼저 천적을 빨리 발견해 서로 알릴 수 있고, 숫자로 압도할 수도 있으며, 간격을 벌려서 회피 또는 반격하거나, 화학적 방어나 어미의 보호활동 효과를 높일 수도 있다. 실제로 남생이잎벌레류는 어미의 보호나 화학적 방어가 효과가 크며, 군집생활을 하는 종들이 원형을 유지해 집단 방어 능력을 높이는 것으로 나타났다.

애벌레의 색깔도 종에 따라 매우 다양하며 보호기능을 한다. 초록색이나 갈색처럼 보호색에서부터 흑색 또는 선홍색처럼 경계색을 띠기도 한다. 일부 종은 잎 사이나 땅으로 숨어서 천적으로부터 포식될 가능성을 아예 줄인다. 보통 4번 탈피하며 5령의 애벌레 단계를 거친다.

1 큰남생이잎벌레 애벌레 허물 **2** 배설물을 지고 있는 남생이잎벌레 애벌레
3 애남생이잎벌레 애벌레

보호색으로 무장한 어른벌레

곤충의 몸 색깔이 변하는 경우는 매우 희귀하다. 메뚜기들은 색소 변화가 있지만, 딱정벌레 가운데 몸 색깔이 갑작스럽게 변하는 종들은 거의 없다. 그런데 남생이잎벌레들은 방해를 받으면 1분도 안 되어 몸 색깔이 변했다가 방해하던 요인이 사라지면 금색, 녹청색, 자주색, 연갈색 등 처음 상태로 돌아온다.

곤충의 체색 변화는 생식을 목적으로 바뀌는 혼인색과 방어를 목적으로 바뀌는 보호색 2가지가 있다. 남생이잎벌레들은 생육기간에도 몸 색깔이 변하는데 이것은 먹이식물 및 의태와 관련 있다. 예를 들어 어른벌레와 먹이식물이 계절 변화에 따라 점차적으로 초록색에서 노란색으로 변한다. 또 위험에 처하면 다리와 더듬이를 이용해 뒷걸음질

곱추남생이잎벌레

치거나 몸을 잔뜩 움츠려서 부드러운 부분이나 부속지들을 포식자들로부터 보호한다.

생김새나 움츠리는 행동, 보호색은 나뭇잎과 잘 어울려 천적을 속인다. 큰남생이잎벌레처럼 회색이나 흑색이 섞인 무늬는 새의 배설물과 비슷하며 금자라남생이잎벌레의 황금색이나 오팔색의 금속성 빛깔은 햇빛을 반사할 때 먹이식물의 색소처럼 보여 오히려 주변과 잘 어울린다.

그래도 천적은 늘 두렵다. 장님노린재, 개미, 장님거미는 알을 먹으며, 응애, 수중다리좀벌, 깡충좀벌, 좀벌, 총채벌, 알벌은 알에 기생한다. 거미, 장님노린재, 쐐기노린재, 꽃노린재, 침노린재, 명아주노린재는 애벌레를 잡아먹으며 기생파리와 수중다리좀벌은 애벌레에 기생한다. 또 거미, 풀잠자리, 먼지벌레, 무당벌레, 개미, 말벌 등은 번데기를 먹으며, 수중다리좀벌, 맵시벌, 좀벌, 기생파리, 곰팡이 등은 번데기에 기생한다. 어른벌레는 곰팡이, 곤충살이선충, 기생파리에게 기생당하고, 할미새, 딱새, 박새, 찌르레기 등 새들도 노린다. 그래도 어른벌레는 천적으로부터 피해가 적은 편이다. 천적으로부터 남생이잎벌레들이 희생당하는 비율은 알 상태일 때가 높으며, 알이 기생벌에게 입는 피해가 25%가량 된다.

우리나라 남생이잎벌레류

남생이잎벌레붙이(*Glyphocassis spilota* Gorham)는 몸길이 5㎜이며 일반적으로 둥글고 볼록한 형태이다. 일반적으로 적갈색에서 검은 무늬가 있다. 전흉배판은 옆으로 타원형이다. 판은 중앙부를 제외하고 크고 작은 점각들이 있다. 중앙부는 볼록하며, 측부는 약하지만 넓게 오목하다. 날개는 강하게 볼록하며 어깨 각 부근 바로 뒤가 가장 넓고 후방으로 좁아진다. 어른벌레는 6~8월에 출현하며 먹이식물은 고구마, 메꽃 등이다. 한국(중부, 남부), 일본, 중국 등에 분포한다.

금자라남생이잎벌레(*Aspidomorpha furcata* Thunberg)는 몸길이 7~8.5㎜로 11월부터 어른벌레로 겨울을 나며 4월에 나타나 5월 상순과 8월 상순에 걸쳐 2회 알을 낳는다. 애벌레는 5월 중순에서 하순 사이에 활동하며 메꽃 잎을 먹는다. 한국(중부, 남부), 일본, 중국, 대만, 러시아 등에 분포한다.

남생이잎벌레(*Cassida nebulosa* Linnaeus)는 몸길이 6.3~7.2㎜로 4월 하순경에 월동 어른벌레가 나타나다. 5월 중, 하순부터 산란을 하며 2층의 막으로 둘러싸나 배설물은 붙이지 않는다. 애벌레는 5월 하순에서 7월에 걸쳐 명아주 잎에서 관찰할 수 있다. 명아주, 흰명아주가 먹이식물이다. 한국(중부, 남부), 일본, 중국 북부, 몽골, 시베리아, 유럽 등에 분포한다.

적갈색남생이잎벌레(*Cassida fuscorufa* Motschulsky)는 몸길이 5.5~6.2㎜로 어른벌레로 겨울을 나고 4월에 나타나며 5월에 알을 낳는다. 알을 두 겹의 막으로 둘러싸 1개씩 잎 표면에 붙인 후 배설물로 덮는다. 애벌레는 5~7월까지 쑥 잎에서 활동한다. 한국(중부, 남부), 일본, 중국, 대만 등에 분포한다.

애남생이잎벌레(*Cassida piperata* Hope)는 몸길이 5~5.5㎜로 4월 중순경에 월동한 어른벌레가 나타나 5월에 알을 두 겹의 막으로 둘러싸 1개씩 낳지만 배설물은 붙이지 않는다. 명아주, 개비름, 쇠무릎이 먹이식물이다. 한국(중부, 남부, 제주도), 일본, 대만, 필리핀, 인도네시아, 중국, 동부 시베리아 등에 분포한다.

남생이잎벌레붙이

금자라남생이잎벌레

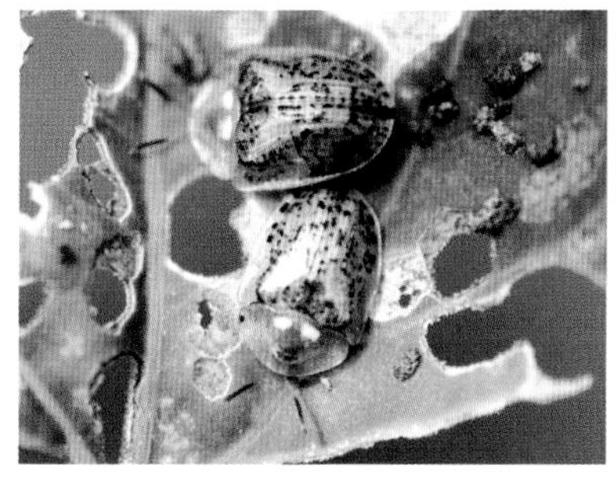

남생이잎벌레
명아주 잎을 갉아먹고 배설했다.

남생이잎벌레(갈색형)

적갈색남생이잎벌레

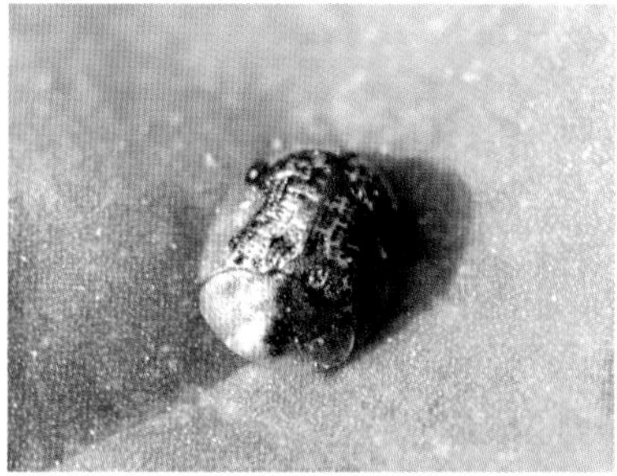

애남생이잎벌레
자극을 받자 더듬이를 숨겼다.

엑스자남생이잎벌레(*Cassida versicolor* Boheman)는 몸길이 5.3~6.2㎜로 날개 중심부에 금백색의 투명한 X 형태의 돌기가 있다. 5~9월까지 어른벌레가 활동하며, 먹이식물은 벚나무, 사과나무, 배나무 등이다. 한국(중부, 남부, 제주도), 일본, 동부 시베리아, 중국, 대만, 해난도, 베트남, 미얀마 등에 분포한다.

큰남생이잎벌레(*Thlaspida biramosa* Boheman)는 몸길이 7.8~8.5㎜로 알을 1개씩 알주머니에 싸서 잎 뒷면에 낳는다. 애벌레는 허물과 배설물을 등에 지고 다니다가 4령을 거쳐 배설물 덩어리를 뒤집어쓰고 먹이식물인 작살나무 잎에서 번데기가 된다. 한국(중부, 남부), 일본, 대만, 중국, 해난도, 인도네시아, 미얀마, 인도 등에 분포한다.

루이스남생이잎벌레(*Thlaspida lewisii* Baly)는 몸길이 5.2~6.8㎜이며 어른벌레로 겨울을 나고 5월에 알을 갈색 알주머니에 싸서 쇠물푸레 잎 뒷면에 1개씩 낳는다. 애벌레는 허물과 배설물을 등에 지고 다니며 5령을 거쳐 배설물 덩어리를 뒤집어쓰고 잎에서 번데기가 된다. 한국(중부, 남부), 일본, 중국동부, 동부 시베리아 등에 분포한다.

엑스자남생이잎벌레

큰남생이잎벌레

참고문헌

백문기 외, 2010, 한국 곤충 총 목록, 자연과 생태, pp. 598

안승락, 1994, 잎벌레과. 한국곤충명집. 건국대출판사, 189-199

An, S. L., 2011, Leafbeetles of Korea (Coleoptera: Chrysomelidae). Nat.Sci.Mum., pp.548

Bienkowski, A. O., 2003, Leafbeetles (Coleoptera: Chrysomelidae) of the Eastern Europe New Key to subfamilies, genera, and species. Mikron Publ., Moscow,1-46

Cox, M.L., 1999, Advanced in Chrysomelidae Biology. Backhuys Publ., pp. 671

Furth, D. G., 1994, Procedings of the Third International Symposium on the Chrysomelidae Beijing, 1992. Backhuys Pupl.Leiden, pp.150

Gressitt, J. L. & S. Kimoto, 1961, The Chrysomelidae (Coleopt.) of China and Korea Part1. Pac. Ins. Mon. pp.299

Gressitt, J. L. & S. Kimoto, 1963, Ibid. Part 2. Ibid.1B. pp.301-1026

Jolivet, P., 1995, Host-plants of Chrysomelidae of the the world. Backyhuys Publ., pp. 281

Jolivet, P. & M.L. Cox, 1996, Chrysomelidae Biology. Vol.1: The Classification, Phylogeny and Cenetics. SPB Acadmic Publ., pp. 443

Jolivet, P. & M.L. Cox, 1996, Chrysomelidae Biology. Vol.3: General Studies. SPB Acadmic Publ., pp. 365

Jolivet, P., et al., 1988, Biology of Chrysomelidae. Kluwer Acad. Publ., pp. 615

Jolivet, P., et al., 1994, Novel aspects of the biology of Chrysomelidae. Kluwer Acad. Publ., pp. 582

Jolivet, P., et al., 2009, Research on Chrysomelidae Vol.2. Brill Leiden & Boston. Publ., pp. 295

Kimoto, S. & H. Takizawa, 1994, Leaf beetles (Chrysomelidae) of Japan. Tokai Univ. Press, pp.539

Kimoto, S. & H. Takizawa, 1997, Leaf beetles (Chrysomelidae) of Taiwan. Tokai Univ. Press, pp.581

Lopatin, I. K. & K. Z. Kulenova, 1986, Leaf feeders (Coleoptera, Chrysomelidae). Acad. Nauk Kaza. SSR, Nauka, pp. 200

Medvedev L. N., 1982, Chrysomelidae (Coleoptera) of Mongolia. Acad.Nauk Kaza. SSR, Nauka,1-238

Ogloblin, D. A., 1936, Faune de L' URSS. Insectes Coleopteres Vol. XXVI (1). Chrysomelidae, Galerucinae. L' Academie des Sciences de I' URSS, Moscou, 456pp.

Seeno, T. N. & J. A. Wilcox, 1982, Leaf beetles genera (Coleoptera: Chrysomelidae). Ent. Publ. Sacr.,California,pp.222

Tomov, V., 1978, Chrysomelidae Coleoptera) of Korea preserved in the Hungarian Natural History Museum, Budapest. Ent. Rev. Japan 32(1/2):43-48

Tomov, V., 1982, ibid. II. ibid. 37(1): 37-48

Tomov, V., 1984, ibid.III. ibid. 39(1): 27-30

Warchalowski, A., 1985, Chrysomelidae stonkowate (Insecta: Coleoptera). Pan. Wyd. Nauk. pp.272

찾아보기

국명

학명